DUDEN

Sorgenfresser

Mathematik 3. Klasse

Mathesorgen?

Her damit!

Dudenverlag

Berlin

Quellenverzeichnis:

Deutsche Bundesbank, Frankfurt am Main: S. 72
(5-Euro-Schein, 10-Euro-Schein)
MEV Verlag, Augsburg: S. 72 (Geldscheine, Münzen)
© StockPhotosArt – Fotolia.com: S. 78 (Radiergummi)
© Bo Valentino – Fotolia.com: S. 78 (Tintenpatrone)

Bibliografische Information der Deutschen Nationalbibliothek
Die Deutsche Nationalbibliothek verzeichnet diese Publikation in der Deutschen Nationalbiografie; detaillierte bibliografische Daten sind im Internet über http://dnb.d-nb.de abrufbar.

D C B A
Bibliographisches Institut GmbH, Mecklenburgische Straße 53, 14197 Berlin

Redaktionelle Leitung Anika Donner
Redaktion Barbara Holzwarth
Herstellung Ursula Fürst
Layout und Satz tiff.any GmbH, Berlin
Umschlaggestaltung Helle Freude GmbH & Co. KG, Berlin
Druck und Bindung MOHN Media Mohndruck GmbH
Carl-Bertelsmann-Straße 161 M, 33311 Gütersloh
Printed in Germany

ISBN 978-3-411-76183-8
www.duden.de

Jetzt gehts los!

In diesem Buch findest du die wichtigsten Inhalte des Mathematikunterrichts in der 3. Klasse. Es ist in fünf große Kapitel aufgeteilt. Du erkennst sie an den kleinen Bildern in der Kopfzeile:

Zahlen und Grundrechenarten

Raum und Form

Muster und Strukturen

Größen und Messen

Daten und Sachsituationen

Wenn du alle Übungsaufgaben einer Doppelseite gelöst hast, kannst du sie mit dem **Lösungsteil** ganz hinten im Heft überprüfen. Wichtige **Fachbegriffe** kannst du auf den Seiten 108 bis 109 nachschlagen. Manche Aufgaben löst du am besten auf einem extra Blatt Papier oder in einem Übungsheft.

Inhaltsverzeichnis

Inhaltsverzeichnis

Muster und Strukturen

Größen und Messen

Daten und Sachsituationen

Zahlen aufschreiben und ordnen

Wissen und Verstehen

Unser Zahlensystem ist ein **Zehnersystem.**

Im Zahlenraum bis 1 000 werden
10 Einer (▪) zu einem Zehner (|) ▪▪▪▪▪ ▪▪▪▪▪ → |,
10 Zehner zu einem Hunderter (□) ||||| ||||| → □ und
10 Hunderter zu einem Tausender (❒) □□□□□ □□□□□ → ❒ gebündelt.

Zahlen können in **Zahlbildern** dargestellt werden.
Die Zahl 137 besteht aus 1 Hunderter und 3 Zehnern und 7 Einern:
□ ||| ▪▪▪▪▪ ▪▪.
Die Zahl 371 besteht aus 3 Hundertern und 7 Zehnern und 1 Einer:
□□□ ||||| || ▪.
Die Zahl 713 besteht aus 7 Hundertern und 1 Zehner und 3 Einern:
□□□□□ □□ | ▪▪▪.

Zahlen können in eine **Stellenwerttafel** eingetragen werden. Du kannst sie dann ganz schnell miteinander vergleichen und ordnen.

Hunderter (H)	Zehner (Z)	Einer (E)
2	8	9

Hunderter (H)	Zehner (Z)	Einer (E)
8	2	9

289 < 829 oder 829 > 289

Du kannst auch **Vorgänger** und **Nachfolger** von Zahlen bestimmen:
Der Vorgänger von 289 ist 288, der Nachfolger von 289 ist 290.

1 Schreibe die in Zahlbildern dargestellten Zahlen in die Stellenwerttafel.

□□□□ ||| ▪▪▪

H	Z	E

□□□□□ □ ||||| | ▪▪▪▪▪ ▪▪

H	Z	E

□□□□□ □□□□ ▪

H	Z	E

□ ||||| ▪▪▪

H	Z	E

2 Zeichne die Zahlbilder zu den Zahlen.

H	Z	E
2	4	6

H	Z	E
4	0	7

H	Z	E
5	5	0

H	Z	E
6	2	4

3 Ergänze die fehlenden Angaben.

Zahlwort	Zahl
siebenhundertsechzehn	716
achthundertneunzig	
	560
neunhundertneun	
	151
dreihundertsiebenundvierzig	
	1 000
vierhundertvierundzwanzig	

4 Setze <, > oder = ein.

345 ◯ 453 508 ◯ 580 $3 \cdot 8 + 24$ ◯ $6 \cdot 7 + 6$

344 ◯ 344 888 ◯ 808 $39 : 3 - 3$ ◯ $48 : 8 + 3$

die Hälfte von 300 ◯ das Doppelte von 60

der Vorgänger von 700 ◯ der Nachfolger von 699

siebenhundertdreiundsiebzig ◯ siebenhundertsiebenunddreißig

Zahlen aufschreiben und ordnen

5 Fülle die Lücken aus.

Vorgänger	Zahl	Nachfolger
	420	

Vorgänger	Zahl	Nachfolger
		801

Vorgänger	Zahl	Nachfolger
599		

Vorgänger	Zahl	Nachfolger
	299	

6 Schreibe alle Zahlen zwischen 117 und 126 und 694 und 704 auf.

117									126

694										704

7 Löse die Zahlenrätsel.

Lösungen: ....

Zahl gesucht!
Die Hunderterzahl ist 400.
Der Zehner ist die Hälfte von 40.
Die Einerzahl ist der Nachfolger von 7.

Zahl gesucht!
Die Einerzahl ist gerade und liegt zwischen 3 und 5. Die Zehnerzahl liegt genau zwischen 80 und 100. Der Hunderter ist das Doppelte von 400.

Wissen und Verstehen

Auf einem **Zahlenstrahl** sind die Zahlen hintereinander der Größe nach angeordnet.

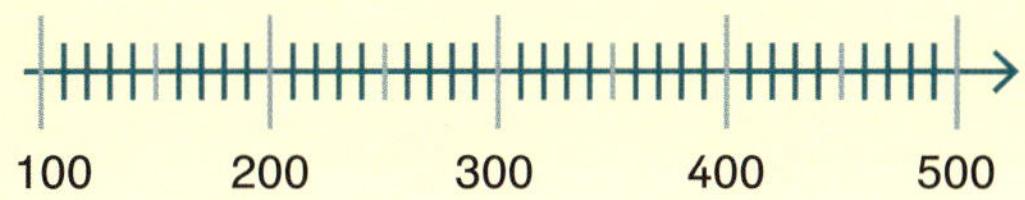

Zahlen können auch an einem **Zahlenstrich** dargestellt werden.

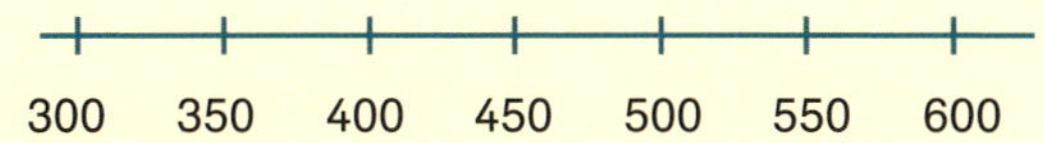

1 Lies die Zahlen ab und schreibe sie auf.

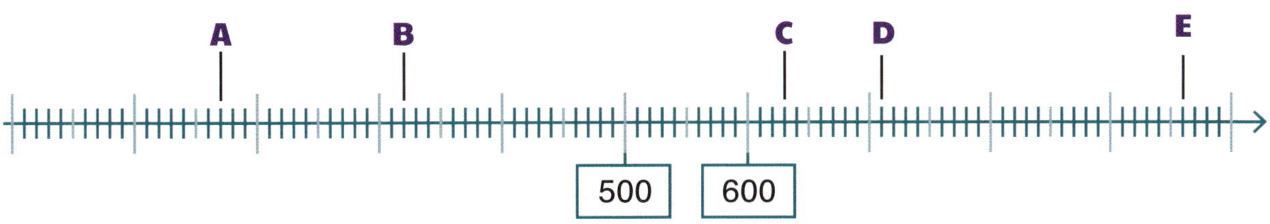

A = ... B = ... C = ... D = ... E = ...

2 Wo ungefähr liegen die Zahlen auf dem Zahlenstrich? Verbinde.

820 839 845 850 865

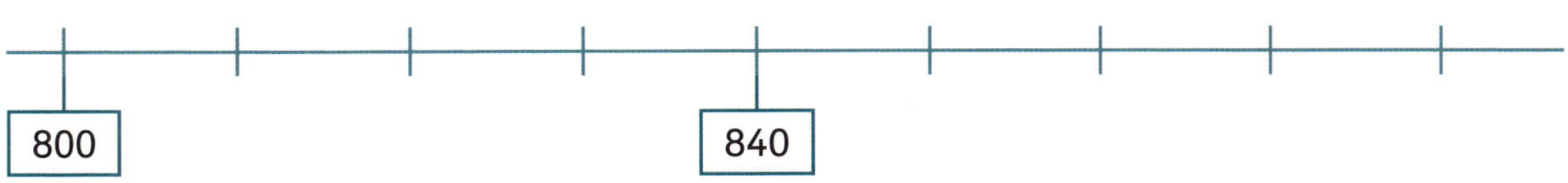

Extrarunde

Zahlen mit Plättchen legen

Hier ist die Zahl 352 mit Plättchen in einer Stellenwerttafel dargestellt:

H	Z	E
●●●	●●●●●	●●

Wie heißt die Zahl, wenn an der Hunderterstelle zwei Plättchen weggenommen werden und an der Zehnerstelle fünf Plättchen dazukommen?
Was ist, wenn du alle Plättchen der Zahl 352 in die Hunderterstelle schiebst?

Runden üben

Wissen und Verstehen

Manchmal ist es vorteilhaft, Zahlen zu runden.

So rundest du eine Zahl auf die Zehnerstelle:
Ist die Einerstelle unter 5, dann **rundest** du **ab:** 36**1**, 36**2**, 36**3**, 36**4** ≈ 360
Ab 5 **rundest** du **auf:** 36**5**, 36**6**, 36**7**, 36**8**, 36**9** ≈ 370

So rundest du eine Zahl auf die Hunderterstelle:
Ist die Zehnerstelle unter 50, dann **rundest** du **ab:** 349 ≈ 300
Ab 50 **rundest** du **auf:** 356 ≈ 400

Dieses Zeichen ≈ sprichst du: **gerundet.** Die Sprechweise lautet:
Dreihundertsechsundfünfzig ist gerundet vierhundert.

Wenn eine Zahl mit einer Maßeinheit gerundet wird, dann sprichst du dieses Zeichen ≈ nicht mehr gerundet, sondern **ungefähr:**
5,82 € ≈ 6,00 € Sprechweise: Fünf Euro zweiundachtzig sind ungefähr sechs Euro.

1 Runde zum Zehner.

261 ≈ 260 673 ≈ ....
777 ≈ .... 355 ≈ ....
45 ≈ .... 994 ≈ ....
196 ≈ .... 402 ≈ ....

2 Runde zum Hunderter.

330 ≈ 300 460 ≈ ....
151 ≈ .... 78 ≈ ....
849 ≈ .... 545 ≈ ....
685 ≈ .... 772 ≈ ....

3 In der Tabelle steht, wie viele Besucher innerhalb einer Woche im Kino waren. Runde die Zahlen zum Zehner und zum Hunderter.

Besucher im Kino innerhalb einer Woche	Gerundete Zahl (Zehner)	Gerundete Zahl (Hunderter)
434 am Montag	430	400
358 am Dienstag		
567 am Mittwoch		
322 am Donnerstag		
679 am Freitag		
801 am Samstag		
896 am Sonntag		

4 Im beliebtesten Film waren am Samstag ungefähr 550 Zuschauer. Wie viele Zuschauer könnten es gewesen sein, wenn die Zahl zum Zehner gerundet wurde?

Mögliche Zahlen: ....

5 Trage die fehlenden Zahlen ein.

Gerundet zum Zehner

4.....6 ≈ 450 9.....3 ≈ 920 5.....5 ≈ 510

8.....1 ≈ 890 3.....9 ≈ 330 1.....2 ≈ 100

Gerundet zum Hunderter

.....74 ≈ 400 .....08 ≈ 100 .....55 ≈ 1 000

.....49 ≈ 500 .....66 ≈ 700 .....28 ≈ 900

Überschlagsrechnungen aufschreiben

Wissen und Verstehen

Beim **Überschlagen** von Aufgaben rechnest du mit gerundeten Zahlen.

454 + 219 = **?**

gerundet auf die Zehnerstelle: 450 + 220 = 670,

gerundet auf die Hunderterstelle: 500 + 200 = 700.

Schneller und sicherer gelingt dir die Überschlagsrechnung, wenn du auf die Hunderterstelle rundest. Das Ergebnis der Überschlagsrechnung ist dann in der Regel aber auch ungenauer.

1 Überschlage die Aufgaben.

Aufgaben	Gerundet auf die Zehnerstelle	Gerundet auf die Hunderterstelle
731 + 123	730 + 120	700 + 100
309 + 641		
174 + 530		
356 + 362		
551 + 437		
298 + 485		
413 + 209		
68 + 141		
675 + 254		
801 + 168		
295 + 97		

2 Immer drei Kärtchen gehören zusammen. Male das Aufgabenkärtchen und die dazu passenden Überschlagsrechnungen mit gleicher Farbe an. Achtung: Ein Kärtchen bleibt übrig.

742 + 171

310 + 360

740 + 170

900 + 100

700 + 200

480 + 130

309 + 356

884 + 68

880 + 70

800 + 200

478 + 125

300 + 400

500 + 100

3 In der Liste findest du die Besucherzahlen des Sorgenfresserkarnevals. Für welche Tage wurden die Besucherzahlen addiert, wenn nach dem Runden auf die Hunderterstelle das Ergebnis der Überschlagsrechnung 1000 ist?

434 Besucher am Montag
358 Besucher am Dienstag
567 Besucher am Mittwoch
322 Besucher am Donnerstag
679 Besucher am Freitag
801 Besucher am Samstag
896 Besucher am Sonntag

Antwort: ....

Halbschriftlich addieren

Wissen und Verstehen

Hunderterzahlen kannst du ganz leicht in **mehreren Schritten addieren.**

526 + 357 = **?**

Lösungsweg 1:

526 + 357 = 883	
500 + 300 = 800	Du addierst die Hunderter,
20 + 50 = 70	die Zehner,
6 + 7 = 13	die Einer.
800 + 70 + 13 = **883**	

Lösungsweg 2:

526 + 357 = 883	
526 + 300 = 826	Du addierst zur ersten Zahl den Hunderter der zweiten Zahl,
826 + 50 = 876	zum Zwischenergebnis den Zehner der zweiten Zahl,
876 + 7 = **883**	zum Zwischenergebnis den Einer der zweiten Zahl.

Lösungsweg 3:

Du löst die Aufgabe am Rechenstrich.

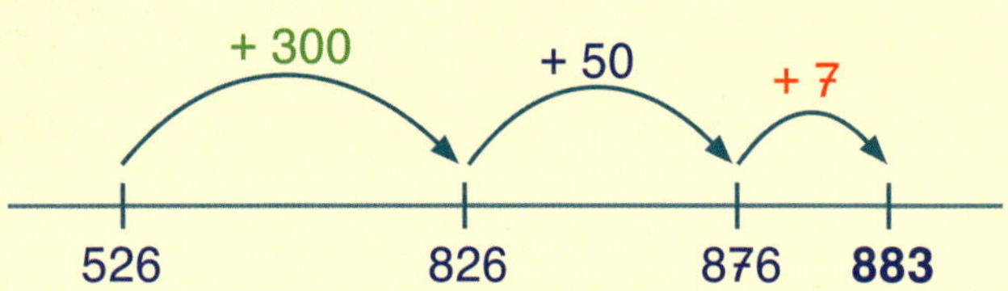

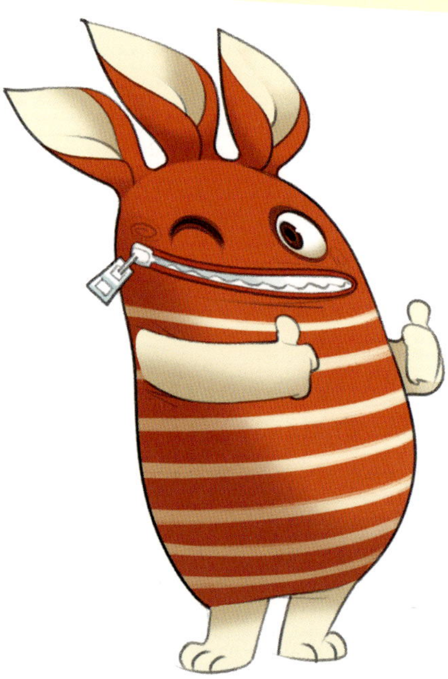

1 **Addiere in mehreren Schritten.**

742 + 213 =
742 + 200 =
\+ 10 =
\+ 3 =

670 + 329 =

368 + 453 =

519 + 168 =

2 Ergänze die Rechenmauern.

	570			
420		150		90

		477		
	177			
117				240

3 Bilde Plusaufgaben. Überschlage zuerst im Kopf und rechne dann.

~~74~~, 224, 315, 795	+	430, ~~607~~, 156, 89	=	951, 745, 313, ~~681~~

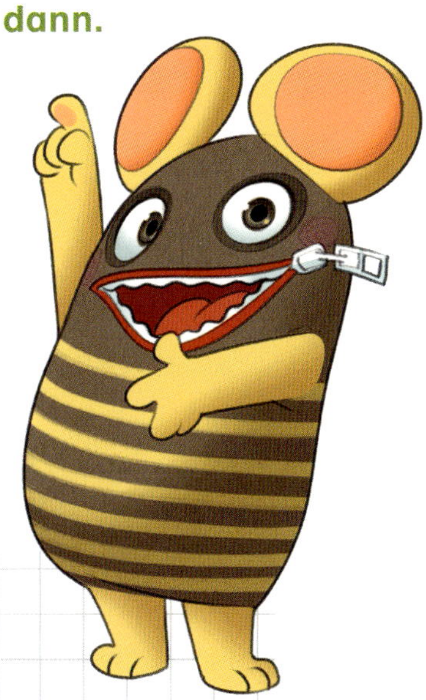

74 + 607 = 681

4 Viele Besucher wollen im Zoo die kleinen Tigerbabys anschauen.
Am Freitag kommen 305, am Samstag 299 und am Sonntag 357 Neugierige.
Wie viele Besucher kamen an den drei Tagen insgesamt zu den Tigern?

Rechnung:

Antwort: ....

Halbschriftlich subtrahieren

Wissen und Verstehen

Hunderterzahlen kannst du ganz leicht in **mehreren Schritten** voneinander **subtrahieren.**

956 – 573 = **?**

Lösungsweg 1:

956 – 573 = 383

956 – 500 = 456	Du subtrahierst den Hunderter der zweiten Zahl,
456 – 70 = 386	vom Zwischenergebnis den Zehner der zweiten Zahl,
386 – 3 = **383**	vom Zwischenergebnis den Einer der zweiten Zahl.

Lösungsweg 2:

956 – 573 = 383

956 – 3 = 953	Du subtrahierst den Einer der zweiten Zahl,
953 – 70 = 883	vom Zwischenergebnis den Zehner,
883 – 500 = **383**	vom Zwischenergebnis den Hunderter.

Lösungsweg 3:

Du löst die Aufgabe am Rechenstrich.

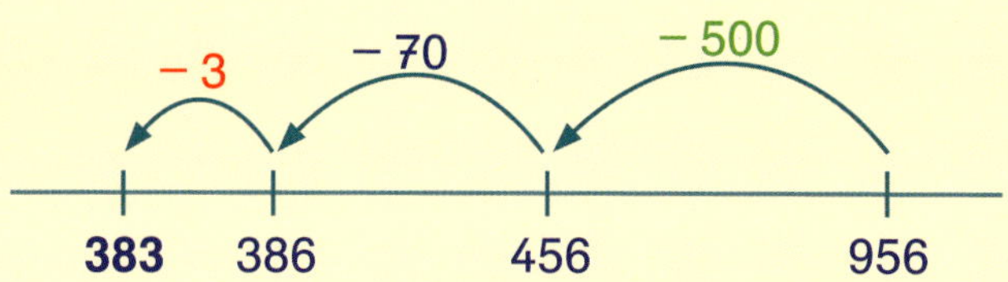

1 Löse die Aufgaben in Teilschritten am Rechenstrich.

570 – 480 = ...

654 – 316 = ...

2 Ergänze die fehlenden Zahlen.

−	95	117		
685			447	
731				
886				339
951				

3 Löse die Rechenrätsel.

Wenn du vom Doppelten von 238 die Hälfte von 832 subtrahierst, erhältst du meine Zahl.

Subtrahiere den Nachfolger von 488 von der größten Zahl, die du aus den Ziffern 5, 7, 8 bilden kannst.

Bilde die Summe aus den Zahlen 312 und 409 und subtrahiere davon den Vorgänger von 400.

Lösung: ....

4 988 Zuschauer besuchten eine Zirkusvorstellung. Genau die Hälfte davon waren Kinder. Auch 208 Männer waren in der Vorstellung. Wie viele Frauen waren dort?

Rechnung:

Antwort: ....

Schriftlich addieren ohne Übertrag

Wissen und Verstehen

Beim **schriftlichen Addieren** ist es ganz wichtig, dass du die Zahlen stellengerecht untereinanderschreibst.

452 + 346 = ?

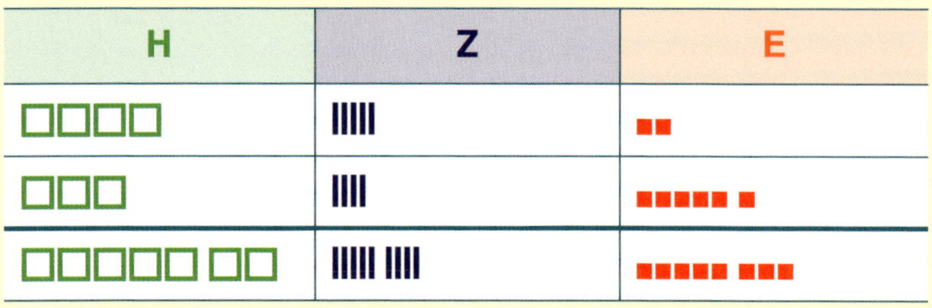

	H	Z	E
	4	5	2
+	3	4	6
	7	9	8

Schriftliches Addieren beginnt bei der unteren Zahl. Zuerst addierst du alle Einer, dann die Zehner und zum Schluss die Hunderter.

Aufgepasst, du rechnest:
1. von unten nach oben,
2. von rechts nach links.

```
  452
+ 346
```

Du kannst auch drei Zahlen addieren. Dabei gehst du genauso vor:
Zuerst addierst du alle Einer, dann die Zehner und zum Schluss die Hunderter.

1 Addiere schriftlich.

	6	2	3
+	1	3	1

	4	3	6
+	2	6	2

	7	4	5
+	1	5	4

	3	0	9
+		7	0

	8	7	2
+	1	0	7

	5	5	6
+	3	2	2

		2	5
		3	1
+	9	1	2

	9	6	4
		2	2
+		1	3

	6	5	4
	1	1	1
+	2	2	4

2 Schreibe alle Zahlen von jeder Farbe stellengerecht untereinander und addiere sie.

123 211 | 604 101 | 645 12 142

3 In einigen Aufgaben sind Rechenfehler. Die Buchstaben der richtig gelösten Aufgaben ergeben, in der richtigen Reihenfolge, ein Lösungswort.

27	252	451	514	334
21	405	201	42	113
+ 630	+ 122	+ 317	+ 321	+ 442
678	779	898	877	787
L	A	E	W	S

Lösungswort: ....

4 Polli hat 405 Sticker gesammelt. Zum Geburtstag bekommt sie von Flint weitere 61 und von anderen Sorgenfressern 122. Betti hat schon 820 Sticker. Polli möchte gerne genauso viele haben. Wie viele fehlen ihr noch?

Rechnung:

Antwort: ....

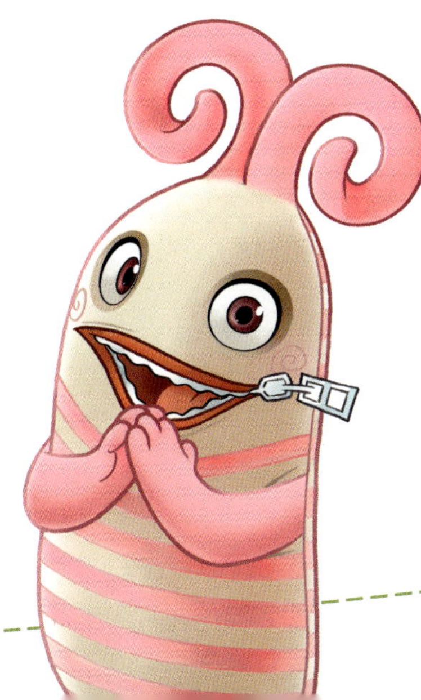

Schriftlich addieren mit Übertrag

Wissen und Verstehen

Beim **schriftlichen Addieren** entsteht ein Übertrag immer dann, wenn durch das Addieren das Ergebnis eines Stellenwertes gleich oder größer als 10 ist.
Dabei ist es ganz wichtig, dass du den Übertrag genau an die nächsthöhere Stelle schreibst. Entweder schreibst du ihn darunter oder direkt daneben.

214 + 468 = **?**

H	Z	E
□□	I	■■■■
□□□□	IIIII I	■■■■■ ■■■
	I	~~■■■■■ ■■■■■~~ ■■
□□□□□ □	IIIII III	■■

	H	Z	E
	2	1	4
+	4	6	8
		1	
	6	8	2

Sprechweise:
8 plus 4 gleich 12, schreibe 2, übertrage 1
1 plus 6 plus 1 gleich 8
4 plus 2 gleich 6

1 Addiere schriftlich.

	2	5	8
+	3	3	3

	5	6	3
+	2	6	6

	7	0	7
+	1	9	5

	4	1	6
+	3	3	4

	3	4	9
+	4	8	2

	8	0	9
+		9	9

	5	9	2
+	2	4	9

	6	4	5
+	2	7	4

	4	6	1
+	5	3	9

	4	3	6
+	2	6	6

2 Setze die Rechenkette fort. Benutze dazu immer das Ergebnis der vorangegangenen Aufgabe. Findest du das Endergebnis im unteren Feld?

207 + 148	76 + 59	135 + 66
+ 99	+ 308	+ 243
+ 224	+ 155	+ 319
+ 176	+ 331	+ 117

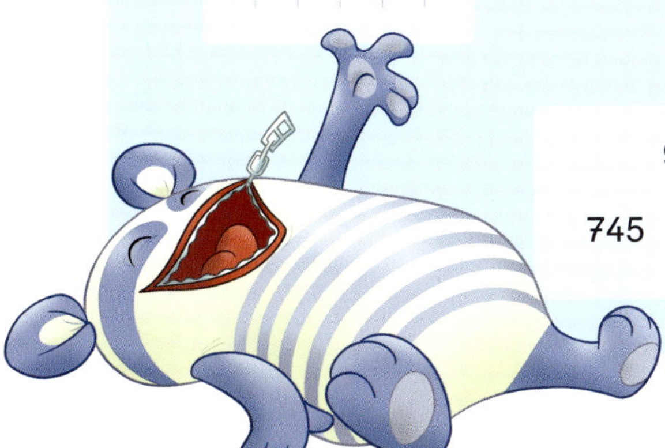

929 919 854 863

745 780 880 730

Schriftlich addieren mit Übertrag

3 **Schreibe die Aufgaben stellengerecht untereinander und addiere.**

436 + 527

296 + 25 + 308

572 + 246

480 + 474

6 + 197 + 715

391 + 94 + 293

Ordne die Ergebnisse nach der Größe. Beginne mit der kleinsten Zahl.

.... < .... < .... < .... < .... < ....

4 **Ergänze die fehlenden Zahlen.**

+	5	0	8
	7	0	1

	4		5
+		3	
	5	2	5

	4		7
+		4	2
	6	7	

	7	6	
+		2	3
	8		0

	3		8
+		4	
	7	5	4

5 **Bilde aus den Ziffern 1, 2, 3, 4, 5, 6 zwei 3-stellige Zahlen. Jede Ziffer darf nur einmal vorkommen. Addiere die Zahlen. Bei welchen Zahlen ist das Ergebnis größer als 900, genau 786 oder kleiner als 500? Schreibe Beispiele auf.**

Lösung: ....

6 Finde verschiedene Aufgaben mit dem gleichen Ergebnis.

	6 1 3	
+	2 9 8	
	1 1	
	9 1 1	

	4 9 5	
+		
	9 1 1	

	6	
+		
	9 1 1	

+		
	9 1 1	

+		
	9 1 1	

7 In der Tabelle stehen Schüler- und Lehrerzahlen verschiedener Schulen.
Welche Schule hat die meisten Schüler und Lehrer?
Überschlage zuerst und rechne dann genau aus.

	Pestalozzischule	Waldschule	Stadtschule
Schülerinnen	269	198	276
Schüler	215	211	247
Lehrer	38	24	42
Überschlag			
Genaue Anzahl			

Antwort: ....

Schriftlich subtrahieren ohne Übertrag

Wissen und Verstehen

Beim **schriftlichen Subtrahieren** ist es wichtig, dass du die Zahlen stellengerecht untereinanderschreibst.

857 – 536 = **?**

	H	Z	E
	8	5	7
–	5	3	6
	3	2	1

Auch beim schriftlichen Subtrahieren beginnst du mit der Einerstelle.
Es gibt zwei unterschiedliche Lösungswege:

Lösungsweg 1:
Das **Ergänzungsverfahren** beginnt an der unteren Zahl.

Sprechweise:
6 plus 1 gleich 7 (schreibe 1)
3 plus 2 gleich 5 (schreibe 2)
5 plus 3 gleich 8 (schreibe 3)

Aufgepasst, du rechnest:
1. von unten nach oben,
2. von rechts nach links.

857
– 536

Lösungsweg 2:
Das **Abziehverfahren** beginnt an der oberen Zahl.

Sprechweise:
7 minus 6 gleich 1 (schreibe 1)
5 minus 3 gleich 2 (schreibe 2)
8 minus 5 gleich 3 (schreibe 3)

Aufgepasst, du rechnest:
1. von oben nach unten,
2. von rechts nach links.

857
– 536

1 **Subtrahiere schriftlich.**

862		504		793		999		653	
– 511		– 204		– 482		– 728		– 531	
428		616		374		846		967	
– 207		– 513		– 341		– 643		– 934	

2 Lies die Aufgaben genau und rechne sie dann schriftlich aus.

achthundertzweiunddreißig minus sechshunderteinundzwanzig

fünfhundertachtundsiebzig minus siebzehn

neunhundertsechsundachtzig minus dreiundvierzig

3 Finde die Fehler und rechne richtig.

631	729	482	558	826
− 411	− 511	− 380	− 546	− 714
241	238	702	512	132

−	−	−	−	−

4 Löse die Zahlenrätsel von Schnulli und Sepp.

Meine Zahl ist um 124 kleiner als das Doppelte von 334.

Lösung: ....

Wenn du zu meiner Zahl die Hälfte von 882 addierst, erhältst du die größtmögliche Zahl aus den Ziffern 2, 4, 6.

Lösung: ....

Schriftlich subtrahieren mit Übertrag

Wissen und Verstehen

Beim **schriftlichen Subtrahieren** entsteht ein Übertrag immer dann, wenn ein Stellenwert der Zahl, die du subtrahierst, größer ist als der gleiche Stellenwert der Zahl, von der du subtrahierst. Dann musst du den nächsthöheren Stellenwert entbündeln. Daraus entsteht der Übertrag.
Dabei ist es ganz wichtig, dass du den Übertrag genau an die nächsthöhere Stelle schreibst, entweder darunter oder direkt daneben.

943 − 678 = **?**

	H	Z	E
	9	4	3
−	6	7	8
	1	1	
	2	6	5

	H	Z	E
	8	13	13
	~~9~~	~~4~~	~~3~~
−	6	7	8
	2	6	5

Es gibt zwei unterschiedliche Rechenwege:

Lösungsweg 1:
Das Ergänzungsverfahren
beginnt an der unteren Zahl.

Sprechweise:
8 plus 5 gleich 13
(schreibe 5, übertrage 1)
1 plus 7 plus 6 gleich 14
(schreibe 6, übertrage 1)
1 plus 6 plus 2 gleich 9
(schreibe 2)

Lösungsweg 2:
Das Abziehverfahren
beginnt an der oberen Zahl.

Sprechweise:
3 minus 8 geht nicht
1 Z in 10 E umwandeln
13 minus 8 gleich 5 (schreibe 5)
3 minus 7 geht nicht
1 H in 10 Z umwandeln
13 minus 7 gleich 6 (schreibe 6)
8 minus 6 gleich 2 (schreibe 2)

1 Subtrahiere schriftlich.

	7	4	7
−	5	2	8

	5	3	8
−	4	5	7

	9	7	7
−		8	9

	3	0	6
−	1	4	0

	6	8	1
−	3	9	2

2 Setze die Rechenkette fort. Benutze dazu immer das Ergebnis der vorangegangenen Aufgabe. Findest du das Endergebnis im unteren Feld?

Kette 1:

```
  999
- 175

- 296

-  68

- 384
```

Kette 2:

```
  999
- 206

-  84

- 498

-  99
```

Kette 3:

```
  999
-  79

- 159

- 256

- 378
```

98 112 100 76 72 169 127

Schriftlich subtrahieren mit Übertrag

Ergänze die Rechenmauern.

		749		
	371			
		197		

		852		
			419	
				266

4 **Ergänze die fehlenden Zahlen in den Aufgaben.**

a	b	c	d	e
7 ☐ 5	☐ ☐ ☐	8 0 2	☐ 4 9	5 6 3
− ☐ 3 6	− 3 1 8	− ☐ ☐ ☐	− 1 2 ☐	− ☐ ☐ ☐
2 7 ☐	3 0 6	6 8 4	4 ☐ 9	2 9 8

f	g	h	i	j
☐ ☐ ☐	5 1 9	☐ 9 9	3 2 3	8 7 1
− 2 8 4	− ☐ ☐ ☐	− 2 4 ☐	− ☐ ☐ ☐	− 7 ☐ 4
6 7 1	3 7 1	5 ☐ 6	2 4 4	☐ 1 ☐

5 **Bilde aus den Ziffern 1, 7, 5 die größtmögliche und die kleinstmögliche Zahl. Subtrahiere die beiden Zahlen voneinander.**

Größtmögliche Zahl: .... Kleinstmögliche Zahl: ....

6 Schaue dir die Aufgaben genau an. Erkennst du das Muster der Subtraktionen? Setze die Aufgabenreihe fort und rechne aus. Schreibe auf, was dir auffällt.

987	876	7		
− 198	− 198	−	−	−

....

7 Betti, Bill, Saggo und Flamm erzählen, wie viele Sorgen sie schon gefressen haben. Finde heraus, wer wie viel geschafft hat, und vergleiche untereinander. Welcher Sorgenfresser hat am meisten, welcher am wenigsten Sorgen gefressen?

Antwort: ....

....

Multiplizieren mit Zehner- und Hunderterzahlen

Wissen und Verstehen

Beim **Multiplizieren** mit ganzen Zehner- und Hunderterzahlen gibt es verschiedene Möglichkeiten, zu rechnen.

Lösungsweg 1: Du rechnest zuerst die leichte Aufgabe.

$3 \cdot 30 = ?$ $3 \cdot 3 = 9$ also ist $3 \cdot 30 = 90$

$3 \cdot 300 = ?$ $3 \cdot 3 = 9$ also ist $3 \cdot 300 = 900$

Lösungsweg 2: Du zerlegst die Zehner- oder die Hunderterzahl.

$3 \cdot 30 = ?$ $3 \cdot 3 \cdot 10 = 90$ oder $3 \cdot 3\,Z = 90$

$3 \cdot 300 = ?$ $3 \cdot 3 \cdot 100 = 900$ oder $3 \cdot 3\,H = 900$

Lösungsweg 3: Du multiplizierst in einer Stellenwerttafel.

Aus Einern werden Zehner.

H	Z	E
		3

$3 \cdot 10$

H	Z	E
	3	0

Aus Zehnern werden Hunderter.

H	Z	E
	3	0

$30 \cdot 10$

H	Z	E
3	0	0

1 Setze die Reihen fort.

10	20	30							100

20	40	60							200

100	200						

200	400				1 200

2 Multipliziere mit Zehner- und Hunderterzahlen.

2 · 3 = ...	8 · .... = 8	.... · 3 = 9
2 · 30 = ...	8 · .... = 80	.... · 30 = 90
2 · 300 = ...	8 · .... = 800	.... · 300 = 900

3 Bilde mit jeweils drei Zahlen aus einem Kästchen möglichst viele Malaufgaben.

5, 7, 35, 350, 70, 50

9, 6, 54, 90, 60, 540

4 Berechne die Ergebnisse.

·	6	20	10	9	3	7
3						
30						
4						
40						

5 Polli hat in ihrer Bäckerei vier Regale für Törtchen. Jedes bietet Platz für 30 Stück. Zusätzlich bringt sie noch zwei große Regale an, in die jeweils 60 Stück passen. Wie viele Törtchen passen jetzt in alle ihre Regale?

Rechnung:

Antwort: ....

Dividieren mit Zehner- und Hunderterzahlen

Wissen und Verstehen

Beim **Dividieren** mit ganzen Zehner- oder Hunderterzahlen gibt es verschiedene Lösungswege.

Lösungsweg 1: Du rechnest mit der leichten Aufgabe.

200 : 40 = **?**

200 : 10 : 4 = 5

also 200 : 40 = 5, weil 20 : 4 = 5

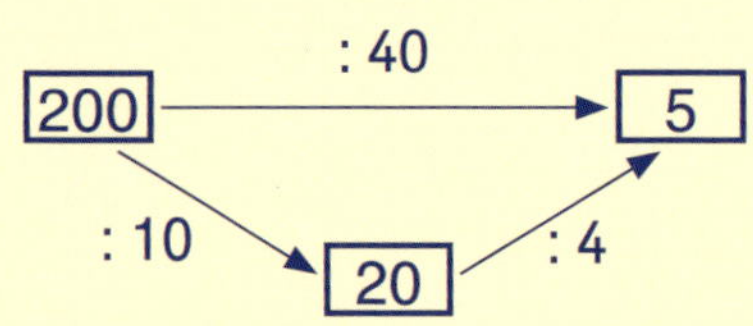

Lösungsweg 2: Du dividierst in einer Stellenwerttafel.

Aus Zehnern werden Einer.

H	Z	E
	2	0

20 : 10

H	Z	E
		2

Aus Hundertern werden Zehner.

H	Z	E
2	0	0

200 : 10

H	Z	E
	2	0

1 Löse die Aufgaben.

10 : 5 = ... 8 : .... = 4 .... : 2 = 300

100 : 5 = ... 80 : .... = 4 .... : 2 = 30

1 000 : 5 = ... 800 : .... = 4 .... : 2 = 3

2 Berechne die Ergebnisse.

:	60	6
420		
120		
600		
300		

:	9	90
900		
450		
540		
360		

3 Löse die Aufgaben und finde das Lösungswort heraus.

500 : 10 = ...

360 : 6 = ...

270 : 90 = ...

160 : 80 = ...

150 : 5 = ...

490 : 70 = ...

210 : 30 = ...

200 : 50 = ...

H	S	I	C	L	N	U
3	50	4	60	7	2	30

Lösungswort: __ __ __ __ __ __ __ __

4 Löse die Rechenketten.

300 —: 5→ ☐ —· 2→ ☐ —: 30→ ☐ —· 90→ ☐

720 —: 80→ ☐ —: 3→ ☐ —· 60→ ☐ —: 20→ ☐

5 Polli möchte für die Sorgenfresser Ketten basteln.
Sie hat insgesamt 320 Glasperlen.
Für eine Kette braucht Polli 40 Perlen.
Für wie viele Sorgenfresser kann Polli Ketten basteln?

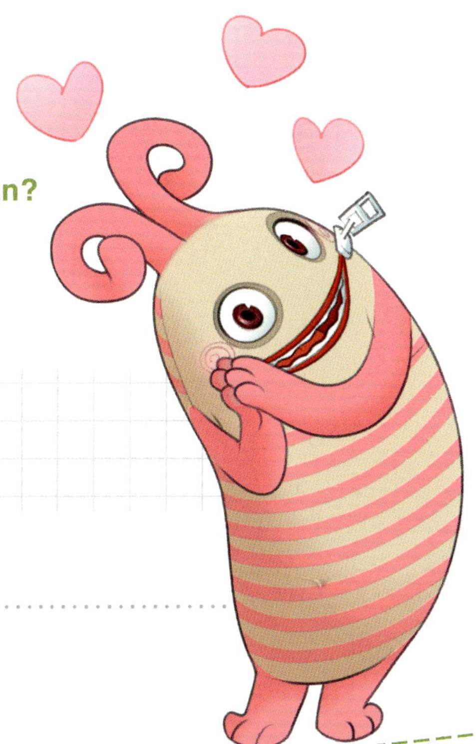

Rechnung:

Antwort: ....

Halbschriftlich multiplizieren

Wissen und Verstehen

Beim **halbschriftlichen Multiplizieren** rechnest du in mehreren Schritten. Es gibt verschiedene Lösungswege.

7 · 14 = **?**

Lösungsweg 1:

7 · 14 = **98**
7 · 10 = 70
7 · 4 = 28

Lösungsweg 2:

7 · 14 = **98**
7 · 4 = 28
7 · 10 = 70

Lösungsweg 3 (Malkreuz):

·	10	4	
7	70	28	
			98

7 · 10 = 70
7 · 4 = 28
70 + 28 = **98**

1 Rechne halbschriftlich.

8 · 23 =

6 · 55 =

5 · 92 =

9 · 44 =

7 · 35 =

8 · 67 =

2 Löse die Aufgaben mit dem Malkreuz.

5 · 139 = ...

·	100	30	9	
5				

3 · 258 = ...

·				

3 Überprüfe die Aufgaben. Rechne halbschriftlich. Kreuze die richtigen Lösungen an.

☐ $4 \cdot 28 = 112$

☐ $7 \cdot 73 = 521$

☐ $8 \cdot 39 = 302$

☐ $6 \cdot 46 = 276$

4 Tobias und Lena helfen im Supermarkt beim Auspacken. Sie haben 6 Kartons mit jeweils 24 Dosen und 8 Kartons mit jeweils 32 Dosen. Wie viele Dosen packen die beiden aus?

Rechnung:

Antwort: ....

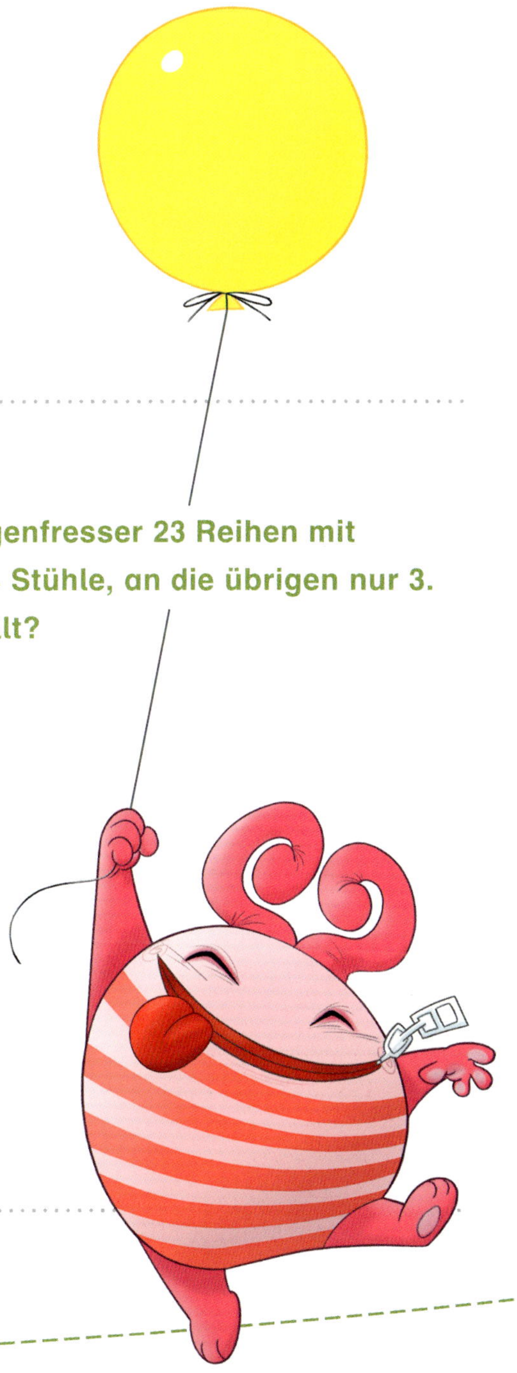

5 Für Frulas Geburtstagsparty stellen die Sorgenfresser 23 Reihen mit jeweils 7 Tischen auf. An 37 Tische passen 4 Stühle, an die übrigen nur 3. Wie viele Stühle werden insgesamt aufgestellt?

Rechnung:

Antwort: ....

Halbschriftlich dividieren – ohne und mit Rest

Wissen und Verstehen

Beim **halbschriftlichen Dividieren** kannst du in mehreren Schritten rechnen. Einfach ist es dann, wenn die Aufgabe ohne Rest aufgeht.

684 : 6 = **?**

Zerlege zuerst die Zahl, die geteilt werden soll. Die einzelnen Zahlen müssen durch den Teiler teilbar sein. Das Einmaleins hilft dir:

684 = 600 + 60 + 24

Danach teilst du jede Zahl durch 6:

684 : 6 = **114**
600 : 6 = 100
60 : 6 = 10
24 : 6 = 4

Probe mit der Malaufgabe:

·	100	10	4	
6	600	60	24	
				684

Jetzt addierst du alle Teilergebnisse: 100 + 10 + 4 = **114**

Bei Aufgaben mit Rest kannst du die gleichen Schritte ausführen.

67 : 5 = **?**

Du zerlegst die Zahl, die geteilt werden soll:

67 = 50 + 17

Danach teilst du jede Zahl und schreibst den Rest auf.

67 : 5 = 13 Rest 2
50 : 5 = 10
17 : 5 = 3 Rest 2

Probe:
13 · 5 = 65
65 + 2 = 67

1 **Rechne halbschriftlich und mache die Probe mit der Malaufgabe.**

75 : 5 =

77 : 3 =

175 : 7 =

2 Verbinde jede Aufgabe mit dem passenden Ergebnis.
Welche Zahl fehlt? Trage sie ein.

81 : 3   57   96 : 8   27   114 : 6   399 : 7

19   12   ☐   729 : 9   54   216 : 4

3 Welche Zahlen lassen sich ohne Rest durch 3 teilen? Male sie farbig an.

162   202   326   378   540   468   576   292

4 Ed und Saggo haben 288 Spielkarten. Ed teilt die Karten in 3 gleiche Stapel. Wie viele Karten sind in jedem Stapel? Dann legt Saggo 4 gleiche Stapel mit den Karten. Wie viele Karten sind jetzt in einem Stapel? Können Ed und Saggo auch 6, 7, 8 oder 9 gleiche Stapel legen?

Rechnung:

Antwort: ....

....

Halbschriftlich dividieren – ohne und mit Rest

5 Rechne die Aufgaben aus. Vergiss die Probe nicht.

73 : 5 =

71 : 4 =

68 : 3 =

125 : 7 =

111 : 8 =

340 : 9 =

6 Schreibe auf, welche Zahlen sich beim Teilen durch 7 als Rest ergeben können.

....

Was fällt dir auf?

....

....

7 Überprüfe die Rechnungen und verbessere falsche Ergebnisse.

200 : 6 = 33 Rest 4 ....

179 : 7 = 25 Rest 4 ....

422 : 5 = 82 Rest 2 ....

694 : 9 = 77 Rest 7 ....

8 112 Personen stehen an der Kasse der Bergbahn.
Sie möchten alle auf den Berg fahren.
In einer Kabine ist Platz für 6 Personen.
Wie viele Kabinen werden benötigt?

Rechnung:

Antwort: ....

9 Suche alle Zahlen zwischen 20 und 80, die beim Teilen durch 6 den Rest 4 haben.

Extrarunde

Buchstabenrätsel

Jeder Buchstabe des Wortes SORGEN steht für eine Zahl.
Finde die Zahlen heraus.

S	= 12 + E	**G**	= O – S + E
O	= S + 217	**E**	= 4 · 21
R	= E : 7	**N**	= ?

S + O + R + G + E + N = 1 000

Textaufgaben bearbeiten

Wissen und Verstehen

Es gibt Rechenaufgaben, die in **Textform** geschrieben sind. Dann ist es oft gar nicht so leicht, die richtigen Angaben für die Rechnung herauszufinden.

Diese Schritte können dir helfen, die richtige Lösung zu finden:

1. Lies zuerst den Text der Aufgabe genau.
2. Unterstreiche alle wichtigen Angaben.
3. Denke über die Frage noch einmal nach oder finde selbst eine mögliche Frage.
4. Überlege, ob eine Zeichnung möglich ist, um die Aufgabe besser zu verstehen.
5. Schreibe die einzelnen Rechenschritte auf.
6. Mache eine Überschlagsrechnung.
7. Rechne die Aufgabe genau aus.
8. Vergleiche Überschlag und Ergebnis miteinander.
9. Rechne zur Kontrolle noch die Probeaufgabe.
10. Lies die Frage noch einmal und schreibe eine passende Antwort auf.

1 **Wende die Schritte 1 bis 10 an.**

An einem Schwimmfest nehmen 325 Teilnehmer teil.
Davon sind 257 Teilnehmer über 14 Jahre alt.
27 Teilnehmer sind unter 10 Jahre alt.
Wie viele Teilnehmer sind zwischen 10 und 14 Jahre alt?

Schritt 1: Lesen: An einem …

Schritt 2: Unterstreichen.

Schritt 3: ....

....

Schritt 4:

Schritt 5:

Schritt 6:

Schritt 7: Genau rechnen.

Schritt 8: Überschlag und Ergebnis vergleichen.

Schritt 9: Probeaufgabe rechnen.

Schritt 10:

....

....

....

2 Übe die 10 Schritte noch einmal.

Ed bekommt seit vier Jahren zum Geburtstag kleine Rennautos. An jedem Geburtstagsabend zählt er seine alten und neuen Autos. Er stellt fest, dass er jedes Jahr doppelt so viele Autos hat wie im Jahr zuvor. Jetzt, nach vier Jahren, hat er 96 Rennautos. Wie viele Rennautos hatte er nach einem Jahr?

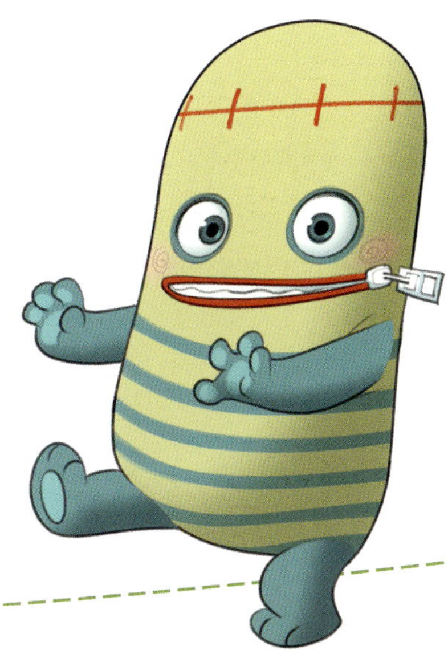

Bist du fit?

Kannst du Ergebnisse überprüfen?

800 : 40 = 20

138 + 276 = 414

805 – 376 = 521

345 + 108 + 291 = 755

72 · 7 = 504

600 : 3 = 20

724 : 8 = 9 Rest 4

421 : 4 = 15 Rest 1

829 – 387 = 442

647 + 363 = 1 000

45 · 3 = 145

Überlege:

- Hast du die Zahlen der Aufgabe richtig abgeschrieben?
- Hast du eine Überschlagsrechnung gemacht?
- Hast du beim schriftlichen Rechnen die Zahlen stellengerecht untereinander geschrieben?
- Hast du die Rechenzeichen richtig abgeschrieben?
- Hast du die Rechenzeichen richtig angewendet?
- Hast du die Probeaufgabe gemacht?
- Liegt dein Ergebnis in der Nähe des Ergebnisses der Überschlagsrechnung?
- Stimmt dein Ergebnis der Probeaufgabe mit der Ausgangszahl überein?

Überprüfe die Ergebnisse in der Trainingskarte und unterstreiche die richtigen Ergebnisse.

Kannst du Textaufgaben lösen?

Ein Automechaniker richtet seine Werkzeugkiste mit 90 neuen Schrauben. Die Schrauben sind in 10 Schachteln mit je 9 Schrauben verpackt. Während seiner Arbeit macht er eine kurze Pause. Es liegen 12 Schrauben neben der Kiste, 15 Schrauben rechts davon und 27 Schrauben hat er schon montiert. Wie viele Schrauben sind noch in der Werkzeugkiste?

Überlege:

- Hast du den Text genau gelesen und verstanden?
- Hast du die Frage verstanden oder musst du selbst eine Frage finden?
- Hast du mithilfe der Frage alle wichtigen Angaben zum Rechnen gefunden?
- Hast du eine Zeichnung angefertigt, damit du die Aufgabe besser verstehst?
- Hast du die wichtigen Angaben zum Rechnen unterstrichen?
- Ist es sinnvoll, die Zahlen für eine Überschlagsrechnung zu runden?
- Kannst du jetzt die Aufgabe rechnen?

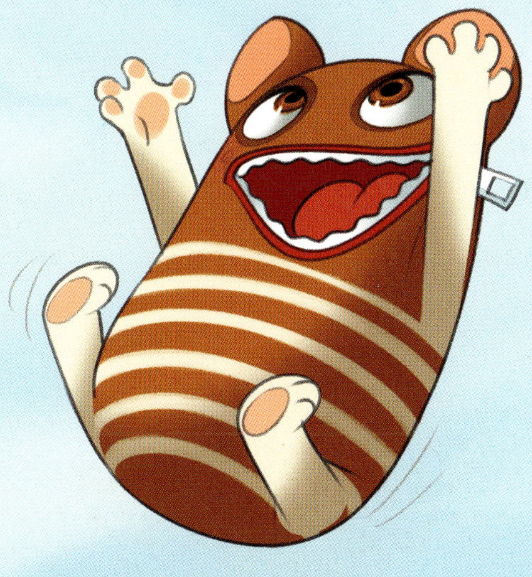

Unterstreiche in der Trainingskarte alle wichtigen Angaben, die du zum Rechnen brauchst.

Flächen vergleichen

Wissen und Verstehen

Ebene Figuren werden nach der Anzahl ihrer Ecken benannt:

Viereck Dreieck Sechseck Achteck

Rechteck und Quadrat sind besondere Vierecke.

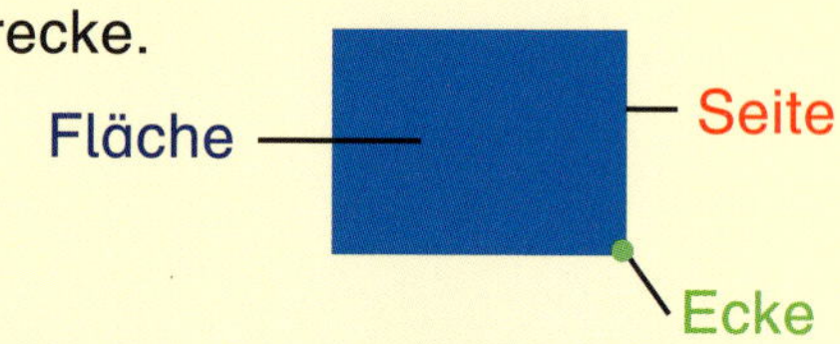

Alle ebenen Figuren haben eine Fläche, die durch die Seiten begrenzt wird.

Der Kreis gehört auch zu den ebenen Figuren, auch wenn er keine Ecken hat.

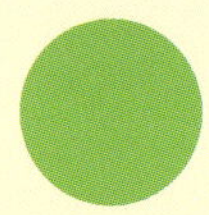

Flächen von ebenen Figuren kannst du durch Auslegen mit Karos miteinander vergleichen.

1 **Male Quadrate rot, Rechtecke gelb, beliebige Vierecke grün und Dreiecke blau an.**

2 Schreibe zu jeder Fläche die Größe in Karos und ordne sie nach der Größe.

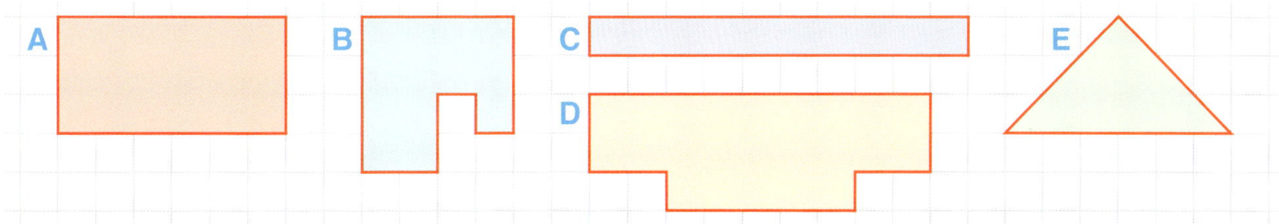

.... < .... < .... < .... < ....

3 Welche Fläche ist größer? Kreuze sie an.

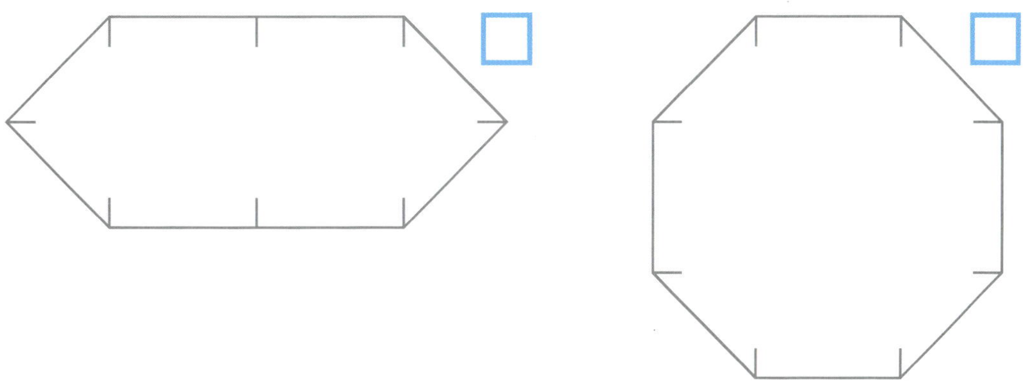

4 Vier quadratische Platten können auf unterschiedliche Weise zu einer Fläche aneinandergelegt werden. Es gibt verschiedene Möglichkeiten. Zeichne mindestens vier auf.

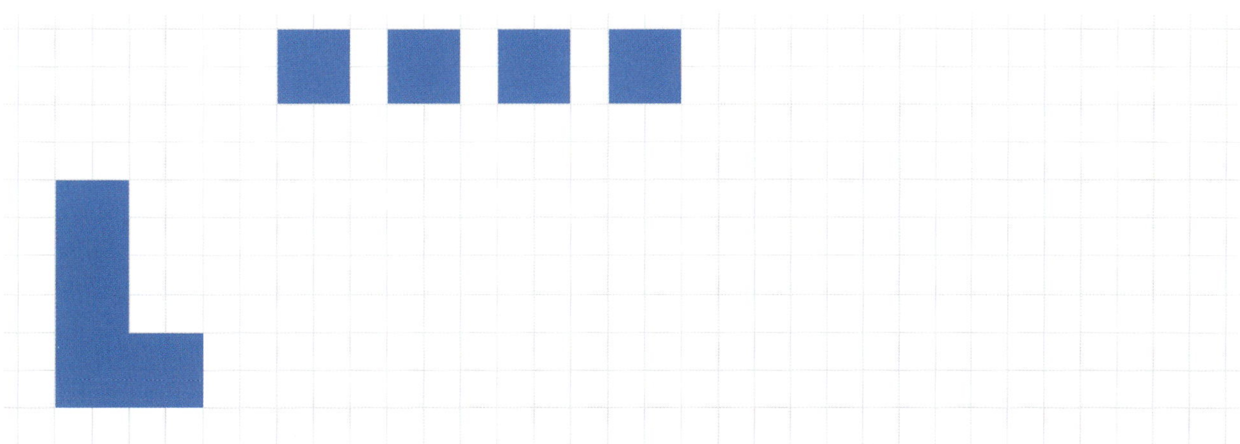

Körper erkennen

Wissen und Verstehen

Das sind **Körper:**

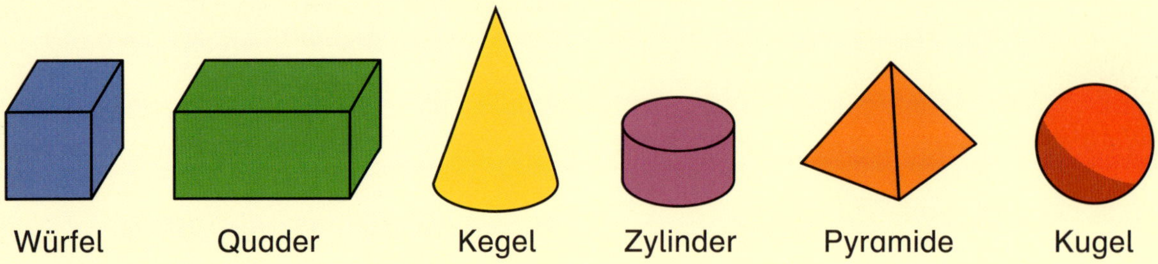

Alle Körper bestehen aus mindestens einer Fläche.
Wenn zwei Flächen aneinanderstoßen,
dann bilden sie eine Kante.
Wenn drei Kanten aneinanderstoßen,
dann bilden sie eine Ecke.

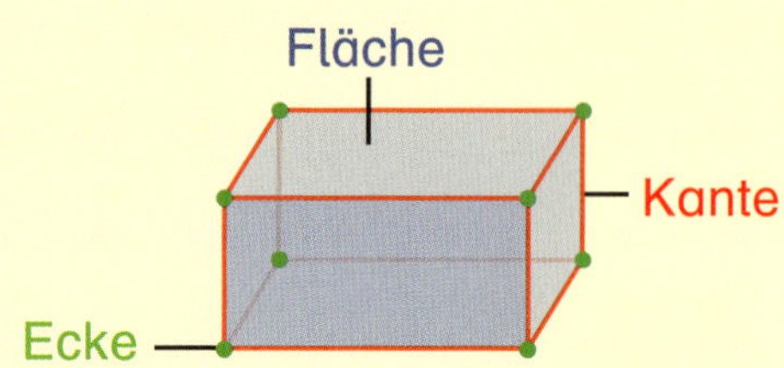

1 **Viele Gegenstände, die ungefähr die Form geometrischer Körper haben, begegnen uns auch im Alltag. Male passende Gegenstände und verbinde sie mit den Körpern. Die Wörter unten helfen dir.**

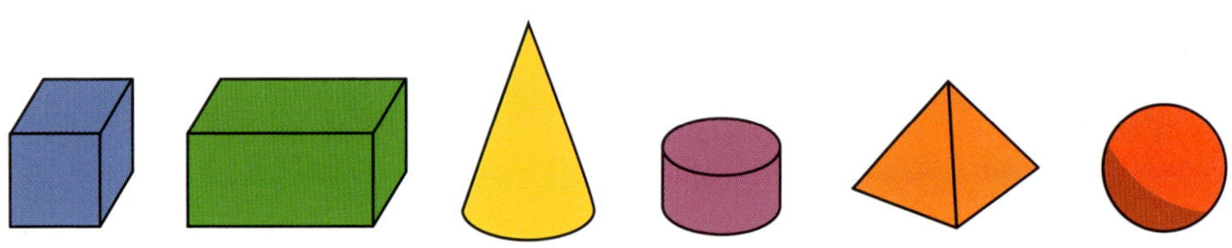

Fußball, Spielwürfel, Pyramide, Tomate, Zauberhut, Schokoladentafel, Eiswaffel, Murmel, Butterpackung, Orange, Dose

2 Welche Flächen bilden den Körper? Male sie farbig an.

3 Richtig oder falsch? Kreuze an.

	✓	f
Alle Körper haben Ecken, Kanten und Flächen.	☐	☐
Es gibt Körper ohne Ecken.	☐	☐
Würfel und Quader haben die gleiche Anzahl Ecken, Kanten und Flächen.	☐	☐
Eine Kugel hat eine Ecke, aber keine Kante.	☐	☐
Alle Körper haben mehr als drei Flächen.	☐	☐
Ein Zylinder hat Kanten, aber keine Ecken.	☐	☐

Würfel- und Quadernetze untersuchen

Wissen und Verstehen

Jeder Körper kann so aufgeklappt werden, dass ein Netz entsteht. Jedes **Körpernetz** hat die Eigenschaft, dass die aufgeklappten Flächen so zusammenhängen, dass daraus wieder der ursprüngliche Körper hergestellt werden kann. So können Netze aussehen:

Würfelnetz

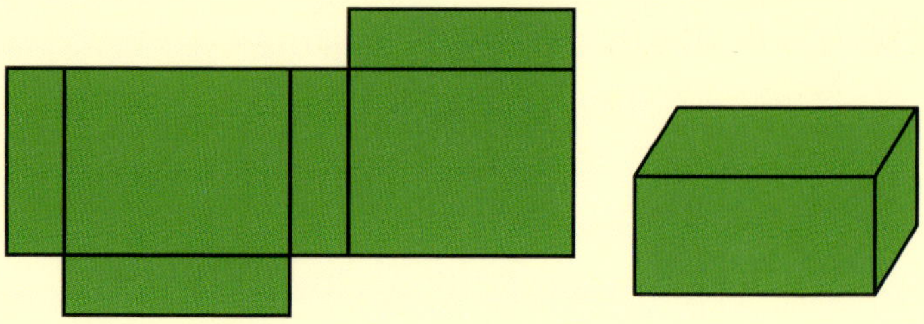

Quadernetz

1 Bill und Betti haben Quadernetze gezeichnet. Überprüfe und kreuze an, ob man sie zu Quadern falten kann.

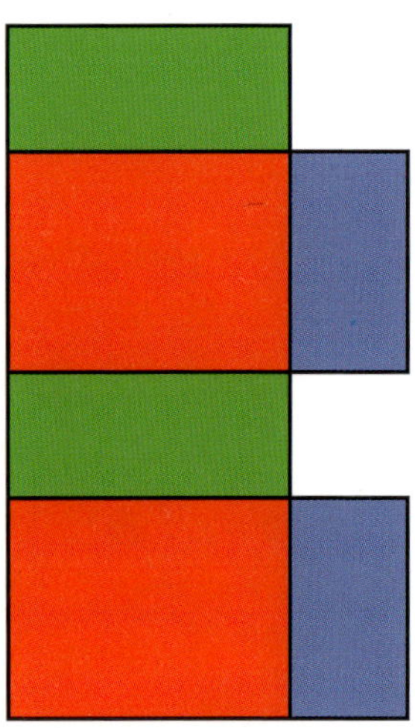

A ☐

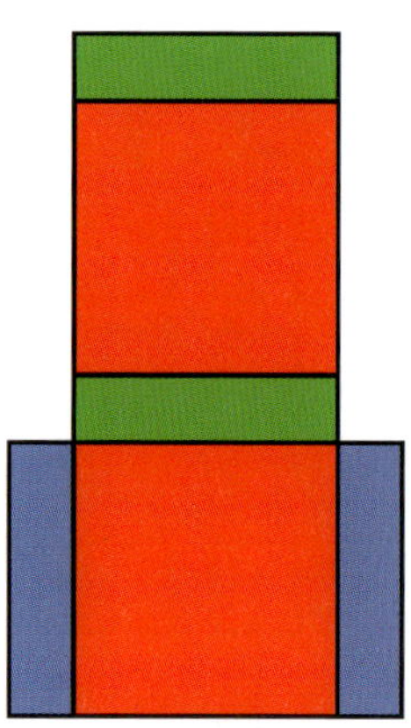

B ☐

C ☐

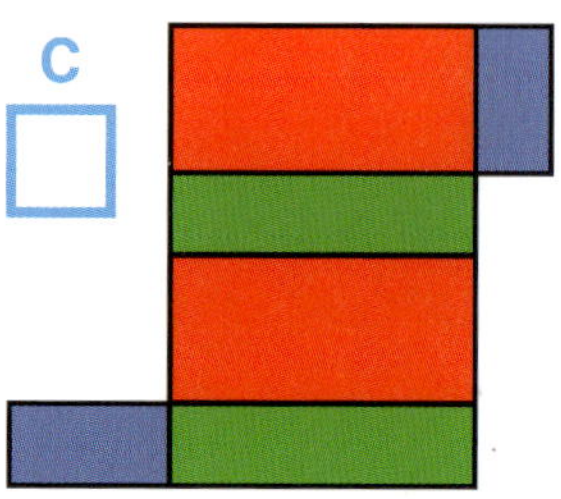

D ☐

2 Die Augenzahlen der gegenüberliegenden Flächen eines Spielwürfels ergeben addiert immer 7. Welches Netz ergibt einen Spielwürfel? Zeichne die Netze ab, schneide sie aus und falte sie. Kreuze dann an.

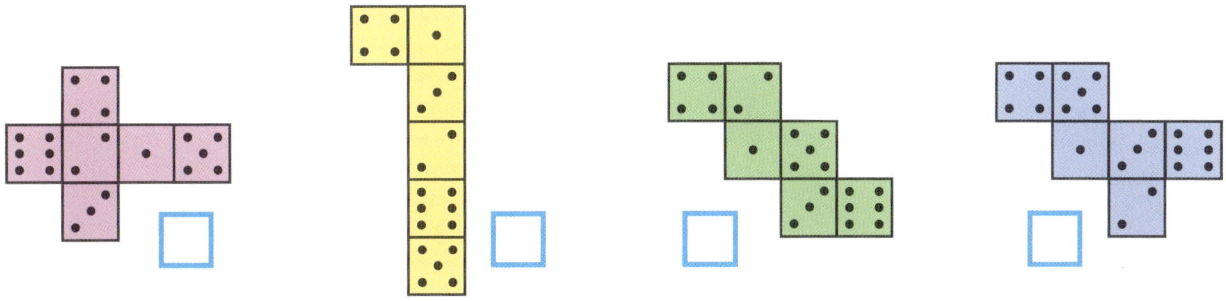

3 Bei den folgenden Quader- und Würfelnetzen fehlt immer eine Fläche. Ergänze sie so, dass ein richtiges Netz entsteht. Kennzeichne die gegenüberliegenden Flächen mit den gleichen Farben. Bei einigen Netzen gibt es mehrere Möglichkeiten.

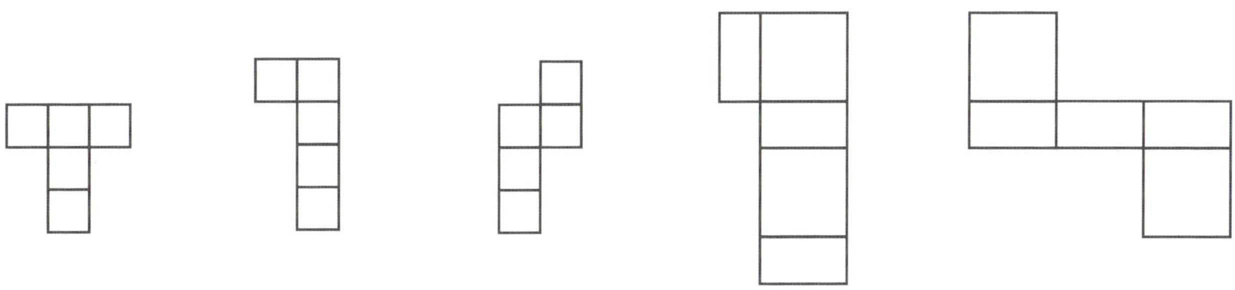

Extrarunde

Rechteckpuzzle

Wie viele verschiedene Möglichkeiten gibt es, mit diesen vier kleinen Rechtecken

dieses große Rechteck auszulegen?

Pläne lesen

Wissen und Verstehen

Um sich in der Umwelt zurechtzufinden, ist es hilfreich, **Pläne** lesen zu können, wie z. B. Straßenbahn-, Bus- oder Zugpläne, Wegepläne durch den Zoo oder den Park und auch Straßenkarten oder Stadtpläne.

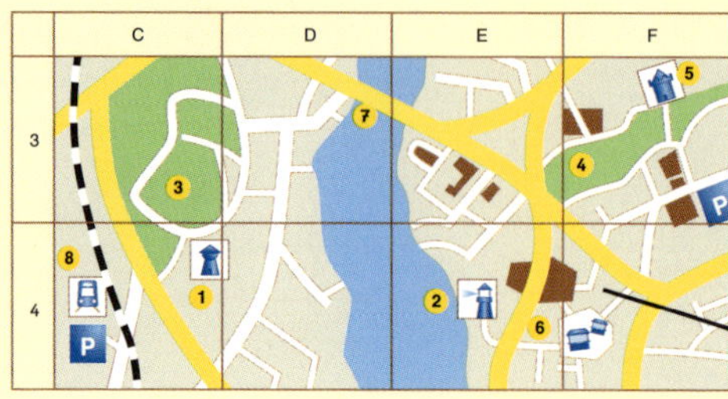

Stadtplan mit Planquadraten

1 **Findest du dich in dieser Stadt zurecht? Schreibe auf, in welchem Planquadrat sich die Sehenswürdigkeiten jeweils befinden.**

1 Wasserturm C4
2 Leuchtturm ....
3 Park ....
4 Schlosspark ....
5 Schloss ....
6 Marktplatz ....
7 Brücke ....
8 Bahnhof ....
Rathaus ....
Theater ....

1 Wasserturm, 2 Leuchtturm, 3 Park, 4 Schlosspark, 5 Schloss, 6 Marktplatz, 7 Brücke, 8 Bahnhof, R = Rathaus, T = Theater

2 Der Plan zeigt Schatzsuchern, wo die Gegenstände versteckt sind. Beginne immer bei Start und schreibe auf, wie viele Kästchen du dich in welche Richtung bewegen musst.

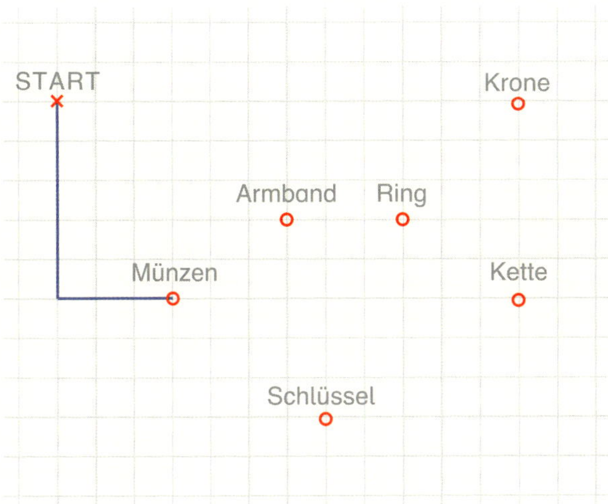

Münzen 5 ↓ 3 →
Armband ....
Ring ....
Krone ....
Kette ....
Schlüssel ....

3 Verstecke nun selbst einige Schätze. Zeichne ein, wo sie im Gitternetz liegen. Beginne immer bei Start.

Schwert	8 → 2 ↓
Kompass	4 → 3 ↓
Nachricht	10 →
Uhr	3 ↓ 1 ←
Flasche	10 ↓ 9 →
Geld	12 ↓ 2 →

Mit Würfeln bauen

Wissen und Verstehen

Mit Einheitswürfeln kannst du **Würfelbauten** erstellen. Würfelbauten kannst du frei entwerfen oder aber auch nach einem **Bauplan** nachbauen. Zu jedem Würfelbau kannst du einen Bauplan erstellen.
Ein Bauplan bildet zunächst die Grundfläche des Würfelbaus ab und gibt darüber Auskunft, wie viele Würfel an einer bestimmten Stelle stehen.

2	5	2	2
2	1	2	1
0	0	1	0

Würfelbauten können aus verschiedenen Perspektiven (Ansichten) betrachtet werden: von oben, von unten, von vorn und von der Seite.

von oben oder von unten

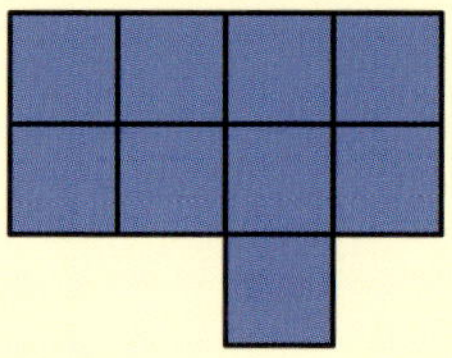

von vorn

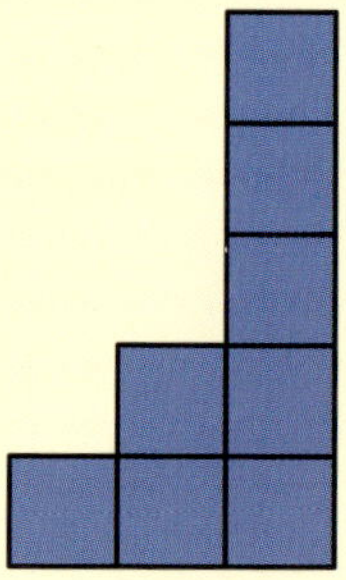

von der Seite

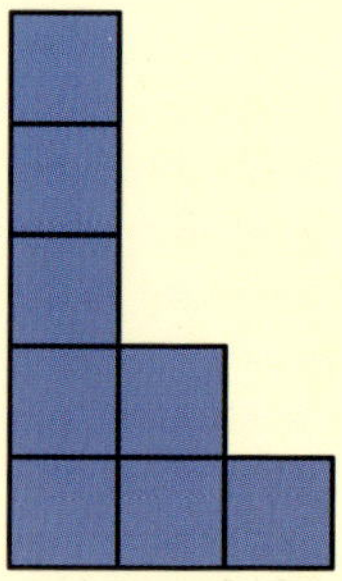

von der Seite

1 Beschrifte die Baupläne zu den Körpern.

2 Frula und Ernst haben Würfelbauten erstellt. Aus welcher Perspektive werden sie jeweils betrachtet? Schreibe auf. Zeichne die fehlende Ansicht. Beschrifte die Baupläne.

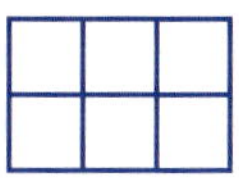

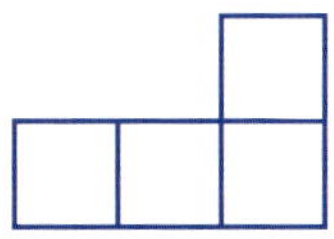

von ....

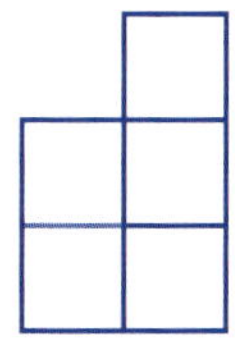

von ....

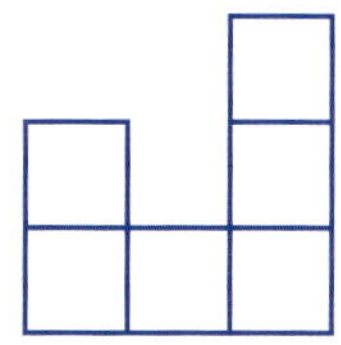

von ....

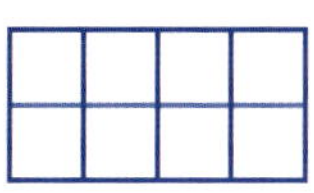

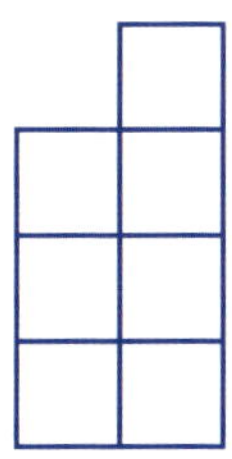

von ....

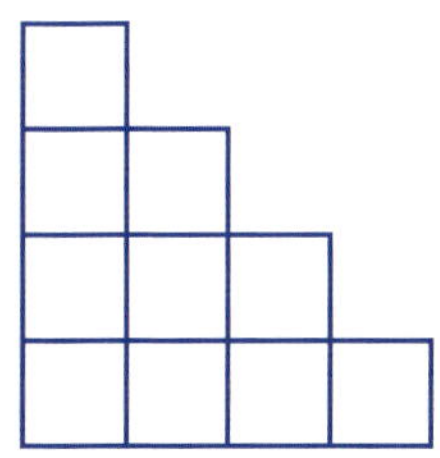

von ....

von oben

Extrarunde

Würfel zusammenkleben

Wie viele Seitenflächen mussten bei diesem Würfelbau mit Kleber bestrichen werden?

Der Kleber wurde immer nur auf einer Klebefläche aufgetragen.

Symmetrische Figuren erkennen

Wissen und Verstehen

Symmetrische Figuren gibt es überall in der Umwelt.

Achsensymmetrie:
Eine ebene Figur heißt achsensymmetrisch, wenn es eine Gerade als Achse gibt, die die Figur in zwei deckungsgleiche Hälften zerlegt. Deckungsgleich bedeutet, dass die beiden Hälften genau übereinanderliegen würden, wenn du sie zusammenklappen würdest. Auch die Farben müssen gleich sein.
Die Achse heißt **Spiegelachse** oder **Symmetrieachse.**

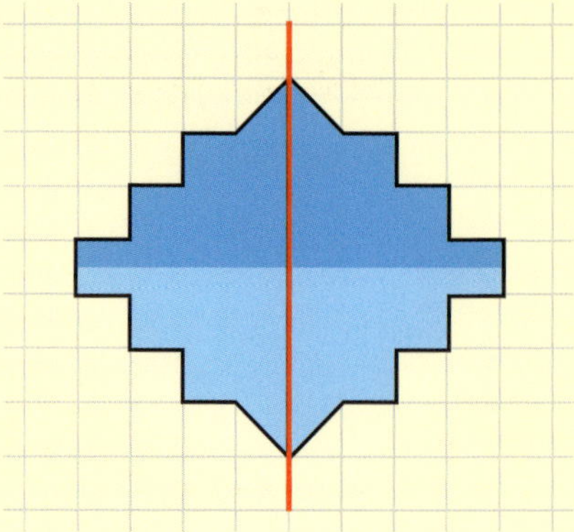

Spiegelachse oder Symmetrieachse

1 Zeichne die Spiegelachsen in die Figuren ein.

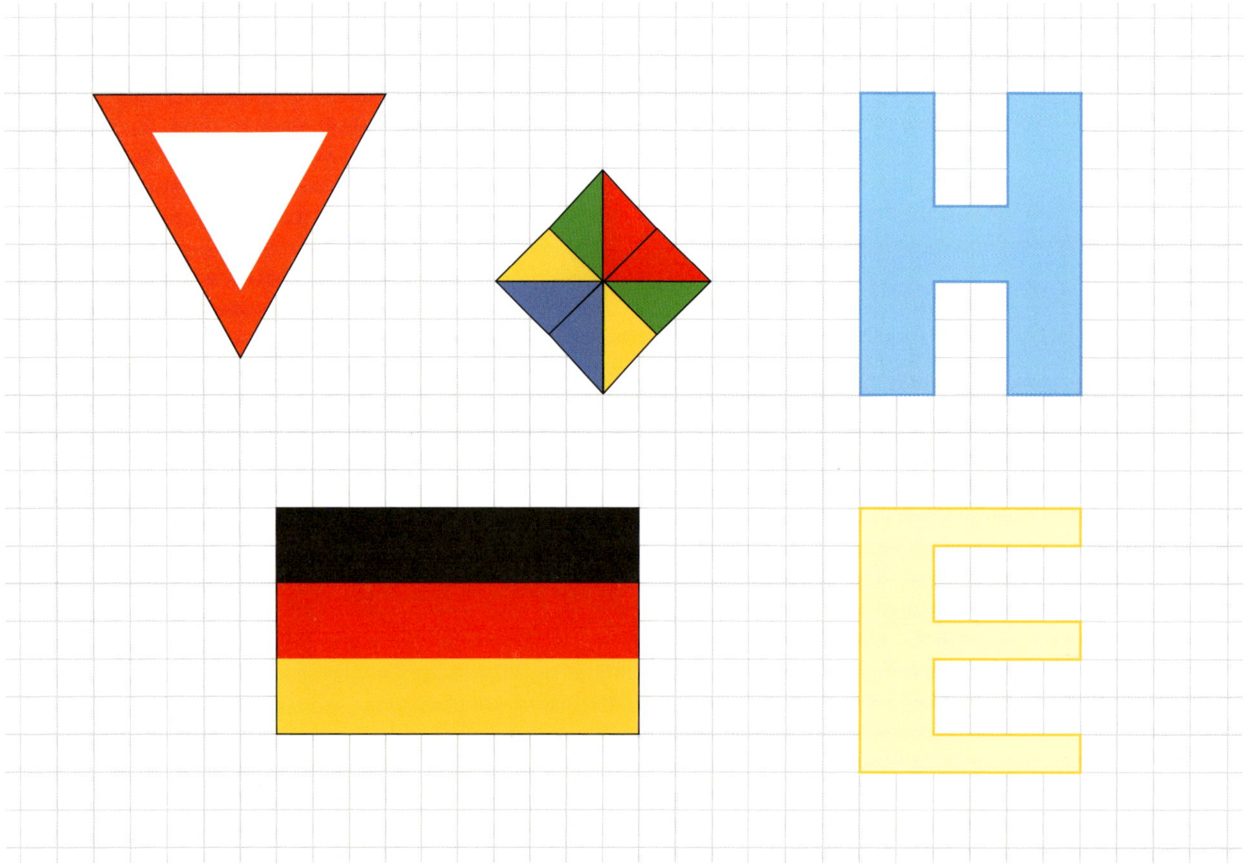

Symmetrische Figuren erkennen

2 Ergänze die Spiegelbilder und male die Figuren farbig an.

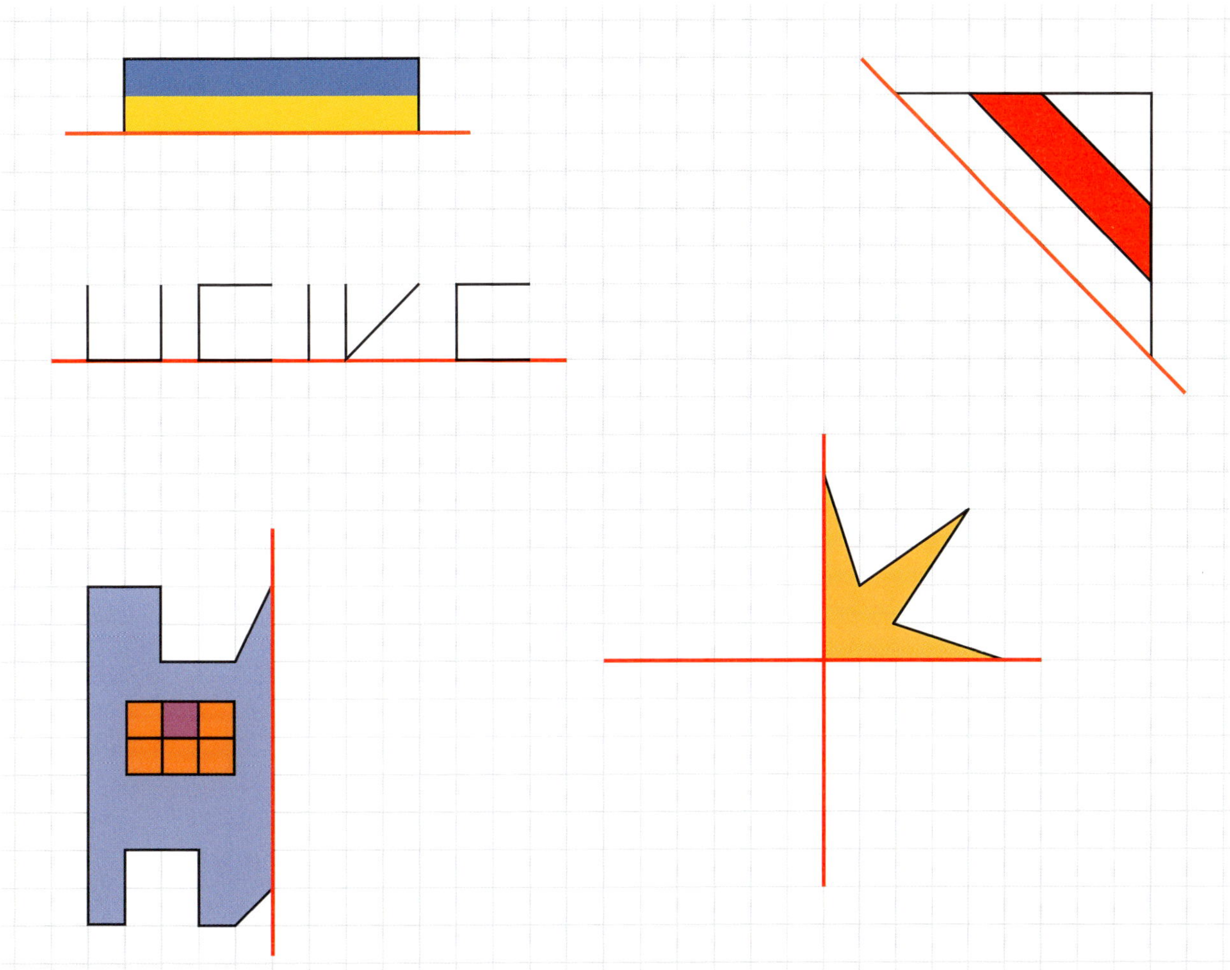

Extrarunde

Falsch gespiegelt

Was ist falsch beim Spiegelbild?
Kreise ein.

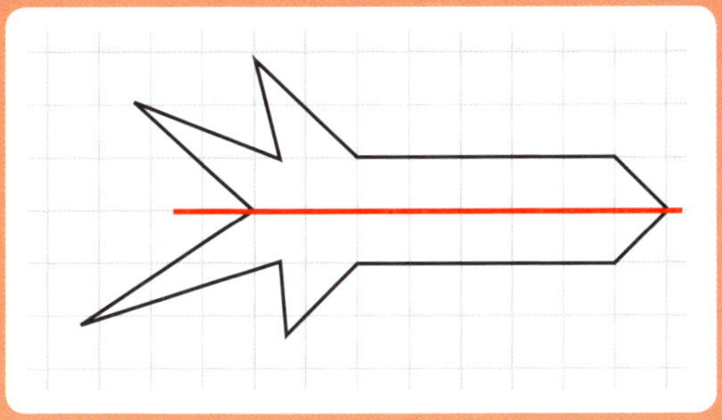

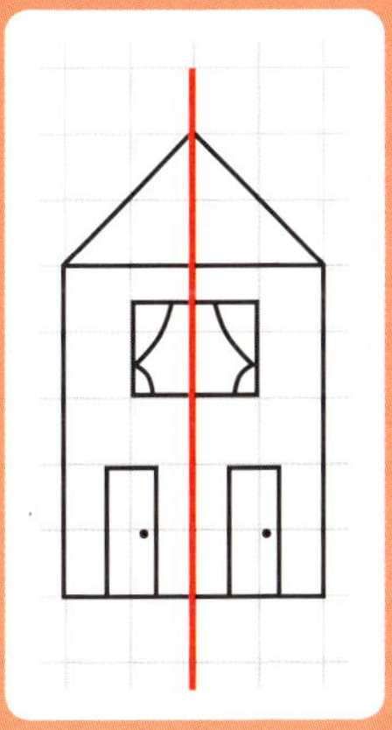

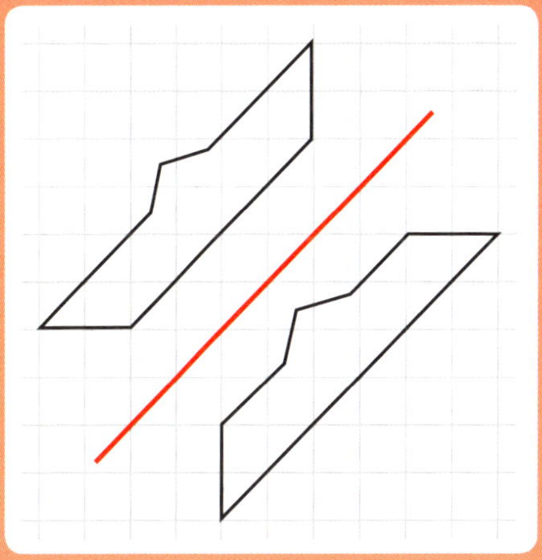

Bist du fit?

Kannst du ebene Figuren erkennen?

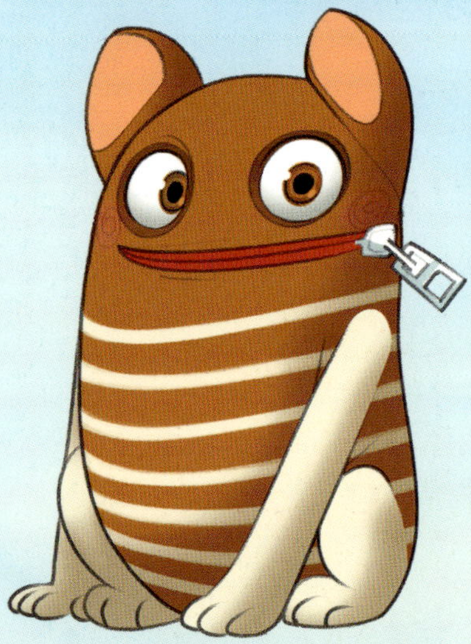

Überlege:

- Hast du überprüft, ob die Figur Ecken hat?
- Hast du die Anzahl der Ecken gezählt?
- Hast du bei einem Viereck überprüft, ob alle Seiten gleich lang sind?
- Hast du bei einem Viereck überprüft, ob die gegenüberliegenden Seiten gleich lang sind?

Nummeriere jede ebene Figur in der Trainingskarte mit der passenden Zahl.

1 Dreieck **2** Viereck **3** Achteck

4 Sechseck **5** Rechteck

6 Quadrat **7** Fünfeck **8** Kreis

Bist du fit?

Kannst du Körper erkennen?

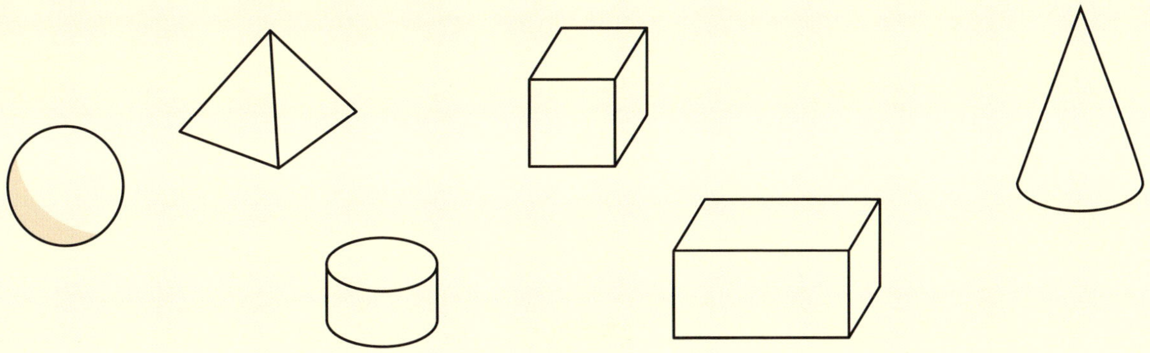

Überlege:

- Hast du überprüft, ob der Körper nur eine Fläche hat?
- Hast du überprüft, ob der Körper zwei Flächen und eine Spitze hat?
- Hast du überprüft, ob der Körper drei Flächen und keine Spitze hat?
- Hast du überprüft, ob der Körper eine Spitze und noch mindestens drei Ecken hat?
- Hast du überprüft, ob der Körper sechs Flächen hat?
- Hast du überprüft, ob alle Kanten gleich lang sind?

Male die Körper in der Trainingskarte mit der gleichen Farbe an wie die dazugehörigen Namen.

Kugel Würfel Pyramide Quader Zylinder Kegel

Muster fortsetzen

Wissen und Verstehen

Bei einem **Muster** wiederholen sich vorgegebene Formen und Farben.
Es können Streifen (Bänder) und auch Flächen mit Mustern gestaltet werden.
Streifen mit regelmäßigen Mustern werden auch **Bandornamente** genannt.

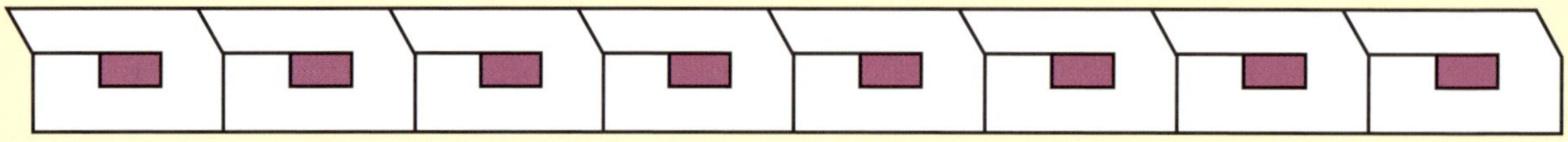

1 **Setze die Muster fort.**

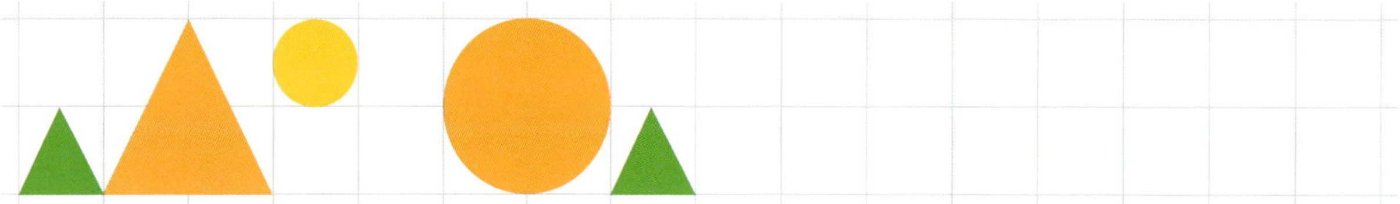

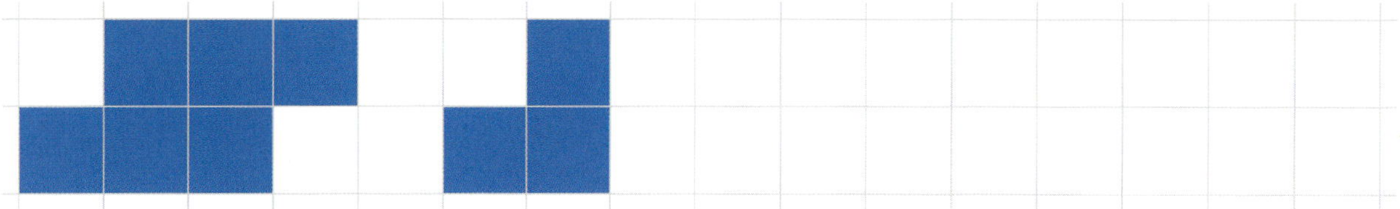

2 Setze die Bandornamente fort. Benutze dazu Winkelplättchen.

3 Erfinde dein eigenes Bandornament.
Benutze dazu Winkelplättchen.

Parkettierungen fortsetzen

Wissen und Verstehen

Bei **Parkettierungen** wird eine Fläche durch wiederholtes Auslegen mit einer Figur abgedeckt. Dabei dürfen keine Löcher und keine Überlappungen entstehen.

In der Umwelt gibt es viele Beispiele für Parkettierungen: Fliesen, Straßenpflaster oder Parkettböden.

1 **Parkettiere die Flächen vollständig.**

2 Parkettiere mit dem vorgegebenen Winkelplättchen.

3 Zeichne die Muster weiter.

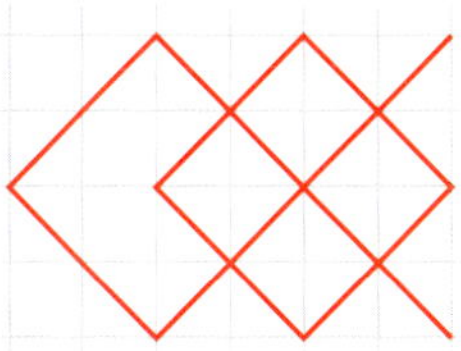

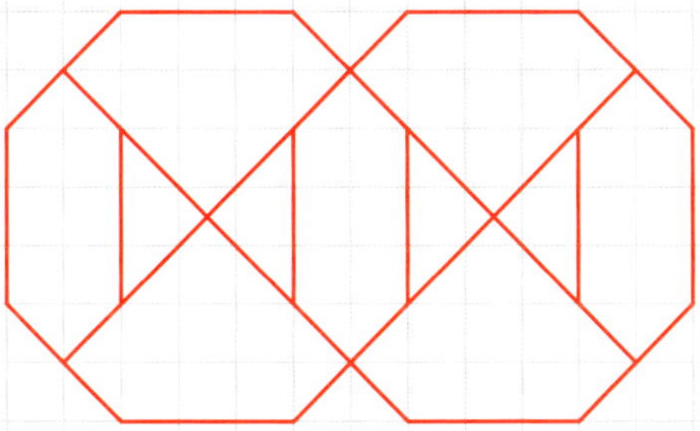

Regeln entdecken und anwenden

Wissen und Verstehen

Bei **Zahlenfolgen** oder bei **Aufgaben** zu den vier Grundrechenarten kannst du **Muster** entdecken. Zahlenmuster werden auch nach bestimmten Regeln hergestellt.

Zahlenfolgen:

12, 14, 16, 18, ..., ..., ..., ..., ..., 30 Regel: + 2

12, 3, 24, 6, 48, ..., ..., ..., 192 Regel: : 4 · 8

Aufgaben:

128 + 14	55 · 3
(+ 2)	(· 2)
142 + 16	55 · 6
(+ 2)	(· 2)
158 + 18	55 · 12
⋮	⋮
268 + ...	..... · 96

Zauberquadrat:

40	90	20	150
30	50	70	150
80	10	60	150
150	150	150	150

Zauberzahl 150

Die Zahlen einer Zeile, einer Spalte oder einer Diagonalen ergeben addiert immer 150.

1 **Finde die Regel und setze die Reihen fort.**

21, 28, 35, 42, ..., ..., ..., ..., ..., 84 Regel: ....

3, 6, 12, 24, ..., ..., ..., ..., 768 Regel: ....

2, 7, 5, 10, 8, ..., ..., ..., ..., ..., 17 Regel: ....

1 152, 576, 288, ..., ..., ..., ..., 9 Regel: ....

1, 6, 2, 12, 4, ..., ..., ..., ..., ..., 32 Regel: ....

80, 60, 72, 54, ..., ..., ..., ..., ..., 36 Regel: ....

864, 848, 832, ..., ..., ..., ..., 752 Regel: ....

176, 264, 352, ..., ..., ..., ..., 792 Regel: ....

50, 25, 60, 35, ..., ..., ..., ..., 90 Regel: ....

2 **Ergänze zu jeder Regel die Zahlenfolge.**

Regel: Immer 50 mehr ....., ..., 160, ... , ..., ...

Regel: + 15 – 8 27, ..., ..., 49 , ..., ...

Regel: Immer die Hälfte ...., 192, ..., ..., 24, ...

Regel: · 1 + 21 ...., ..., 231, ..., ..., ...

Regel: Viererreihe abwärts,
Fünferreihe aufwärts 40, 5, 36, 10, ..., ..., ..., ..., 24, 25

3 **Finde eigene Regeln und schreibe die Zahlenfolgen dazu auf.**

Regel: ....

............, ..., ..., ..., ..., ...

Regel: ....

............, ..., ..., ..., ..., ...

4 **Welche Zahl aus den farbigen Kästchen passt in die Reihe? Schreibe sie in das leere Kästchen.**

202	213	415	409		824	602	627
500	57	443	146		589	223	297
90	270	300	900		930	979	990
350	70	140	28		68	56	44

Regeln entdecken und anwenden

5 **Finde zu jedem Aufgabenpäckchen das Muster. Ergänze weitere zur Regel passende Aufgaben.**

21 + 34	110 + 13	490 – 165	80 – 6
32 + 35	220 + 25	488 – 161	72 – 12
43 + 36	330 + 37	486 – 157	64 – 18
....	....	....	....
....	....	....	....
....	....	....	....

6 **Finde die Regel des Magischen Dreiecks heraus und trage die fehlenden Zahlen danach ein.**

Magische Zahl: 20

9 + 5 + 6 = 20

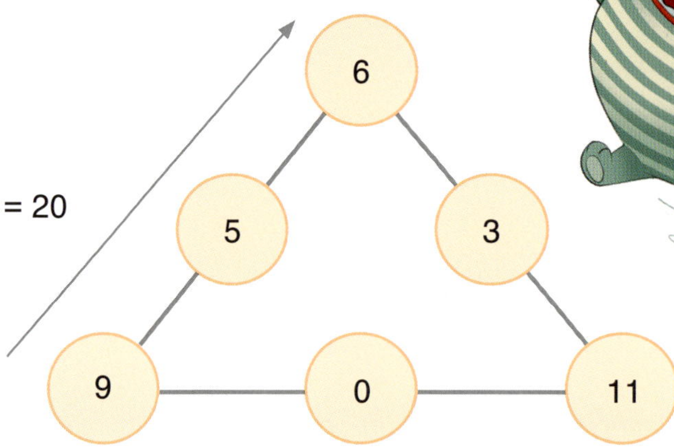

Magische Zahl: 50
Zahlen: 8, ~~11~~, 13, ~~17~~, 20, ~~22~~

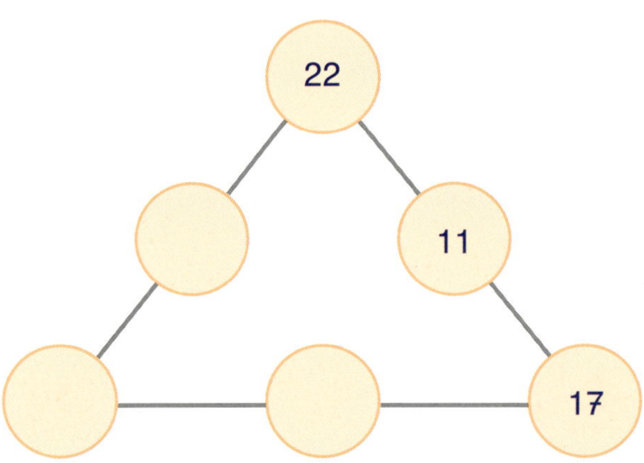

Magische Zahl: 100
Zahlen: 11, 14, 24, 27, 49, 62

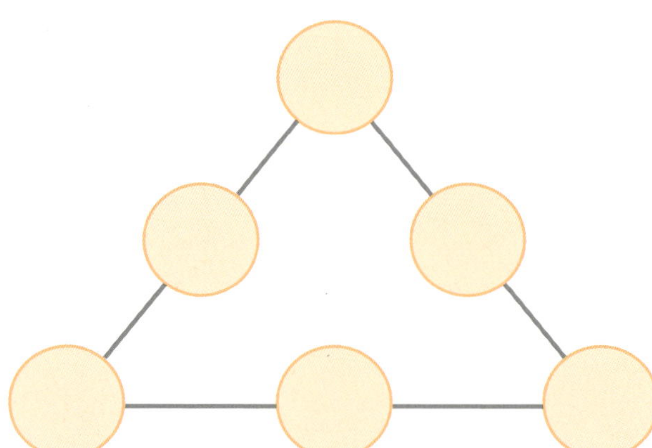

7 **Finde das Muster des Zauberquadrates und ergänze die fehlenden Zahlen.**

Zauberzahl: 39

14		
	13	
17	10	

Zauberzahl: 51

		20
24		
		21

Zauberzahl: .....

400		280
	300	
320		

Zauberzahl: 34

	5	9	4
		6	15
2		7	14
13			

Zauberzahl: .....

10		8	11
		11	13
6		19	
15		7	

Zauberzahl: .....

		236
	235	
234		238

Extrarunde

Verschiedene Musterfolgen

Welche Reihen haben die gleiche Folge in den Mustern?

1 ▲▲●■▲▲●■ ...

2 XXQKXXQK ...

3 Judo, Judo, Schwimmen, Tanzen, Schwimmen, Judo, Judo, Schwimmen ...

4  ...

5  ...

Zusammenhänge erkennen

Wissen und Verstehen

Auch in Sachsituationen, in Tabellen oder in Diagrammen kannst du **Muster** und **Regeln** entdecken. Besonders oft trifft das für Sachaufgaben aus dem Bereich Messen und Größen zu.

Auf dem Markt werden Birnen verkauft. Eine Birne kostet 25 ct. Wie viel kosten 4 Birnen, wie viel 9 und wie viel 12 Stück?

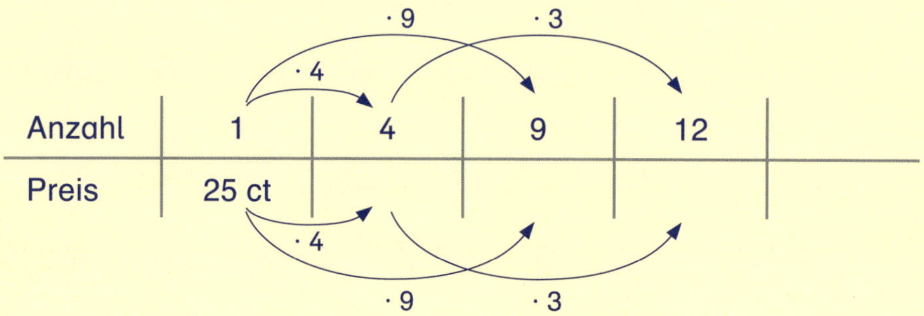

Anzahl	1	4	9	12	
Preis	25 ct				

Regel:
Je mehr eingekauft wird, desto mehr kostet es.

1 **Saggo kauft in Pollis Bäckerei ein. Eine Brezel kostet 32 ct. Wie viel kosten 3, 5, 8, 10 Brezeln?**

Brezeln	1	3	5	8	10
Preis	32 ct				

2 Ergänze die Preistabellen der Bäckerei.

Anzahl der Brötchen	3	6	1	
Preis	1,50 €			2,50 €

Brot in kg	500 g	1 kg	2 kg	2 500 g
Preis		3,00 €		

3 Caro besucht an ihrem Geburtstag die Zooschule.
Dort erfährt sie, dass ein Gorilla in einer Woche 35 kg Obst und 21 kg Gemüse verzehrt.
Im Zoo leben vier Gorillas. Berechne die Futtermengen zuerst für einen und dann für alle Gorillas.

1 Gorilla	1 Tag	3 Tage	1 Woche	2 Wochen	1 Monat (=4 Wochen)
Obst in kg					
Gemüse in kg					

4 Gorillas	1 Tag	3 Tage	1 Woche	2 Wochen	1 Monat (=4 Wochen)
Obst in kg					
Gemüse in kg					

Für wie viele Tage reicht die angegebene Futtermenge Obst für die 4 Gorillas?

Futtermenge Obst	40 kg	120 kg	200 kg	420 kg
Tage				

Antwort: ....

Zusammenhänge erkennen

4 **Rechne. Für welches Angebot soll sich Frula entscheiden?**

1 Los: nur 45 ct!	Kaufen Sie 5 Lose für nur 2 €!	Tolle Gewinnchancen mit 8 Losen für 3,36 €!

Begründung: ....

5 **Der Judoverein „Schwarzer Gürtel“ benötigt dringend neue Turnmatten. In der Werbung steht folgendes Angebot:**

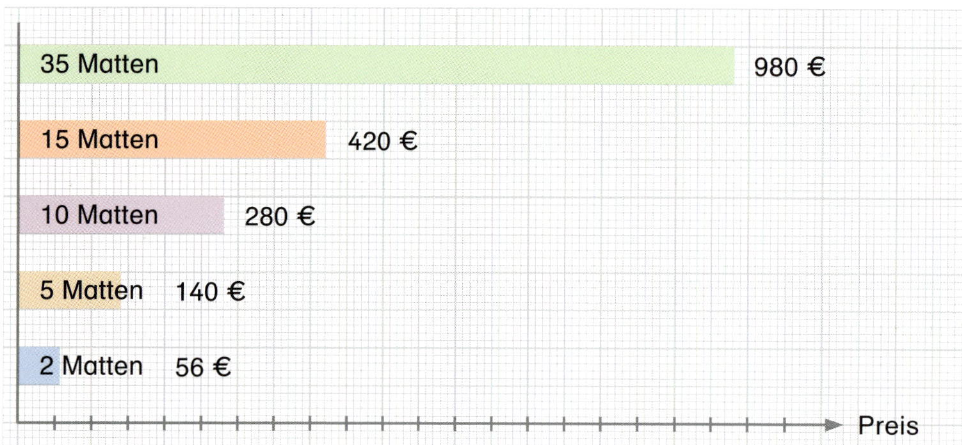

Wie viel kosten 5, 7, 9,12, 20, 25, 30 Matten?

Matten	5	7	9	12	20	25	30
Preis							

Der Verein hat 650 € zur Verfügung. Wie viele Turnmatten können davon höchstens gekauft werden?

Antwort: ....

6 **Rumpel entdeckt im verwunschenen Garten einen tropfenden Wasserhahn. Er holt seine Stoppuhr, einen Zettel und einen Bleistift und beobachtet den Hahn. Abends zeigt er den Zettel Bill:**

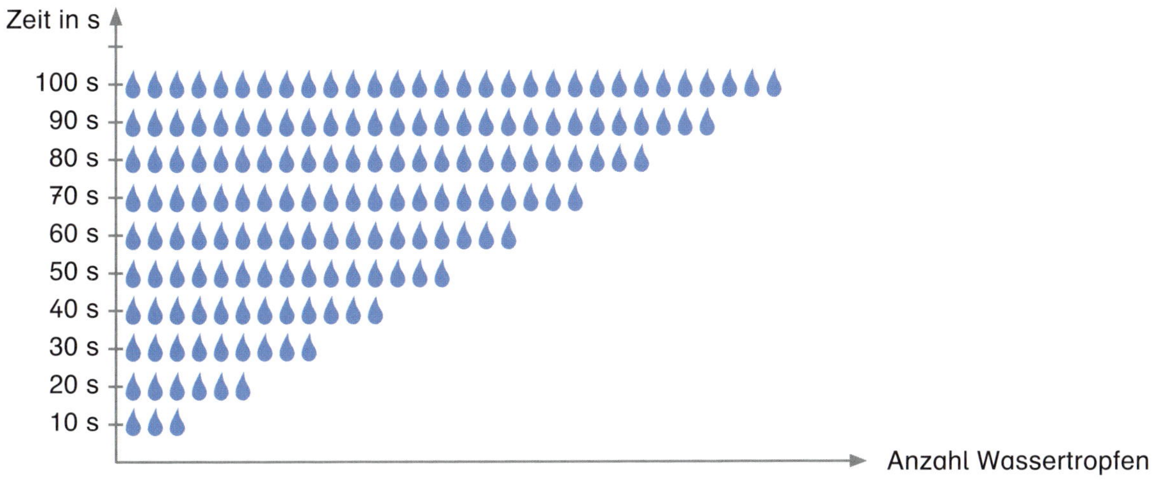

Wie viele Tropfen beobachtete Rumpel? Ergänze die Tabelle.

Zeit	10 s	30 s	50 s	1 min	80 s	90 s	100 s
Tropfen							

Wie lange hat Rumpel den Wasserhahn beobachtet?

Antwort: ....

Wie viele Wassertropfen wären es nach einer Stunde? Rechne aus.

Antwort: ....

Extrarunde

Fehlersuche

In der Tabelle haben sich in der unteren Zeile drei Fehler eingeschlichen. Finde sie heraus. Streiche die Fehler durch und schreibe darunter die richtige Lösung.

Anzahl	2	5	8	10	12
Preis	5,20 €	26,00 €	20,60 €	52,00 €	32,20 €

Bist du fit?

Kannst du Ergebnisse überprüfen?

32, 80, 128, 176	Regel:	256, 64, 16, 4	Regel: ....
3, 15, 75, 375	Regel:	350, 325, 300	Regel: ....
68, 74, 80, 86	Regel:	100, 60, 260, 220, 420	Regel: ....
148, 74, 80, 40, 46	Regel:	2, 10, 20, 28, 56	Regel: ....

Überlege:

- Ist die erste Zahl kleiner als die zweite Zahl, dann ist bei der Regel das Rechenzeichen + oder ·.
- Ist die erste Zahl größer als die zweite Zahl, dann ist bei der Regel das Rechenzeichen – oder :.
- Rechne nun den Unterschied zwischen der ersten und der zweiten und der zweiten und der dritten Zahl aus.
- Ist der Unterschied gleich hoch, dann weißt du, dass die Regel + oder – ist.
- Ist der Unterschied immer wieder anders, dann weißt du, dass die Regel · oder : ist. Du musst noch die genaue Zahl durch Ausprobieren herausfinden.
- Manchmal gibt es für eine Zahlenfolge mehr als eine Vorschrift, dann musst du einfach mehrere vorgegebene Zahlen anschauen.

Schreibe die richtige Regel hinter die Zahlenfolge in der Trainingskarte.

: 4   + 6   – 25   : 2 + 6   + 8 · 2   – 40 + 200   · 5   + 48

Kannst du Regeln bei Zauberquadraten anwenden?

		4
	5	
		8

Zauberzahl: 15

400			
180	280	300	
		220	320
160		360	100

Zauberzahl: ....

Zauberzahl: ....

		18	40
38		28	
	22	30	12
10			34

		322	
12	321	217	124
	120	16	
326	15		

Zauberzahl: ....

Überlege, wie die Zauberzahl lautet:

- Du findest die Zauberzahl, indem du zuerst überprüfst, welche Spalte, Zeile oder Diagonale vollständig ausgefüllt ist. Du addierst alle vorgegebenen Zahlen. Das ist die Zauberzahl.
- Wenn du die Zauberzahl kennst und fehlende Zahlen ergänzen möchtest: Du überprüfst zuerst, in welcher Spalte, Zeile oder Diagonalen nur ein leeres Feld ist. Du addierst dann alle vorgegebenen Zahlen und subtrahierst diese von der Zauberzahl. So machst du es, bis alle Felder ausgefüllt sind.

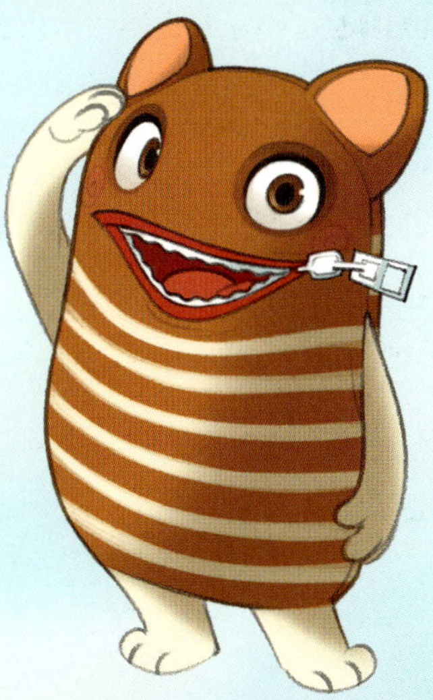

Färbe in der Trainingskarte immer die Spalte, Zeile oder Diagonale ein, mit der du beginnst. Ergänze die Zauberquadrate.

Geldbeträge ordnen und vergleichen

Wissen und Verstehen

In vielen europäischen Ländern werden die **Geldbeträge** in Euro und Cent angegeben.

1 Euro = 100 Cent

Geldbeträge kannst du unterschiedlich aufschreiben.

4 Euro oder 4 EUR oder 4 €
7 Cent oder 7 ct
3 Euro 25 Cent oder 3 € 25 ct oder 3,25 €

Meistens werden Geldbeträge mit Komma aufgeschrieben. Das Komma trennt Euro und Cent.
So kannst du Geldbeträge in eine Stellenwerttafel eintragen:

10 Euro	1 Euro	10 Cent	1 Cent	
	2	3	5	2,35 €
1	5	4	8	15,48 €

Du kannst Geldbeträge nach ihrem Wert ordnen und auch miteinander vergleichen:
2,35 € < 15,48 €

1 **Wie viel Euro sind hier abgebildet? Schreibe die Beträge auf.**

.... €

.... €

2 Ergänze die leeren Felder. Ordne dann die Geldbeträge der Größe nach. Lege den Betrag mit Rechengeld.

100 €	10 €	1 €	10 ct	1 ct
	2	3	4	1
1	1	0	5	3
	8	7	6	5

....

....

54,72 € 320,94 €

23,41 € < ....

....

3 Wandle die Geldbeträge um und ordne sie in Kommaschreibweise nach der Größe.

386 ct			207 ct		500 ct	
3 € 86 ct	6 € 12 ct			9 € 30 ct		
3,86 €		4,98 €				3,77 €

9,30 € > ....

....

4 Setze >, < oder = ein.

4,20 €	4,02 €	287 ct	2 € 87 ct	220 ct	22,00 €
42,00 €	402,00 €	7 ct	0,70 €	303 ct	3,03 €
285,00 €	28,50 €	10 € 3 ct	130 ct	1 000 ct	1 000 €

Rechnen mit Geld

Wissen und Verstehen

Geldbeträge kannst du **addieren, subtrahieren, multiplizieren** und **dividieren.** Wichtig ist, dass die Geldbeträge in der gleichen Maßeinheit stehen. Deshalb musst du manchmal zuerst einen Betrag in eine andere Einheit umwandeln: von Euro in Cent oder von Cent in Euro.

Beim **schriftlichen Addieren** und **Subtrahieren** musst du die Geldbeträge stellengerecht untereinanderschreiben. Es müssen alle Kommas untereinanderstehen.

39,45 € + 6,78 € = **?**

	3	9,	4	5	€
+		6,	7	8	€
	1	1	1		
	4	6,	2	3	€

208,43 € – 35,27 € = **?**

	2	0	8,	4	3	€
–		3	5,	2	7	€
	1			1		
	1	7	3,	1	6	€

Beim **halbschriftlichen Multiplizieren** mit Geldbeträgen in Kommaschreibweise multiplizierst du die Eurobeträge und die Centbeträge getrennt in Teilschritten. Beim **halbschriftlichen Dividieren** mit Geldbeträgen in Kommaschreibweise ist es sinnvoll, die Beträge in Cent umzuwandeln.

7 · 4,10 € = **?**	
7 · 4 €	= 28 €
7 · 10 ct	= 70 ct
28 € + 70 ct	= **28,70 €**

4,38 € : 6 = **?**	
438 ct : 6 =	73 ct
420 ct : 6 =	70 ct
18 ct : 6 =	3 ct

1 **Überschlage zuerst. Rechne danach schriftlich aus.**

Ü: ....

538,75 € + 658 ct = ...

Ü: ....

963,04 € – 27 € 63 ct = ...

2 Überschlage zuerst. Multipliziere danach in Teilschritten.

Ü: .... Ü: ....

8 · 23,48 € = ... 82 € 74 ct · 3 = ...

3 Berechne die fehlenden Geldbeträge.

Geschäft	1 Ball	2 Bälle	3 Bälle	5 Bälle	8 Bälle	9 Bälle
Sportgeschäft „Fit“			1,89 €			
Sportgeschäft „Sprint“				2,55 €		

In welchem Sportgeschäft sind die Bälle billiger?

Antwort: ....

....

Extrarunde

Vögel gesucht

Ein Vogelpark baut eine neue große Vogelvoliere, in der 100 Vögel Platz haben.
Es werden Sittiche, Wellensittiche und Kanarienvögel dafür eingekauft.
Für die 100 Vögel stehen nur 600 € zur Verfügung. Das günstigste Angebot ist:
1 Sittich für 12 €, 1 Wellensittich für 8 € und 1 Kanarienvogel für 4 €.
Wie viele Sittiche und Kanarienvögel wurden gekauft, wenn 14 der 100 Vögel Wellensittiche sind?

Maßeinheiten anwenden

Wissen und Verstehen

Bei **Längen** gibt es unterschiedliche Maßeinheiten. Sie werden auch Längeneinheiten genannt.
Die gebräuchlichsten Längeneinheiten sind: Kilometer (km), Meter (m), Zentimeter (cm) und Millimeter (mm).

Große Entfernungen werden in Kilometern gemessen. **1 km = 1 000 m**
Kleine Längen werden in Millimetern gemessen. **1 m = 100 cm**
1 cm = 10 mm

So kannst du Längen in eine Stellenwerttafel eintragen:

1 km	100 m	10 m	1 m	
	3		4	374 m
1	2	9	1	1 291 m

Längen kannst du unterschiedlich notieren.
Das Komma trennt Meter und Zentimeter.

1 m	10 cm	1 cm	
1	4	2	142 cm = 1 m 42 cm = 1,42 m

1 Welche Länge passt zu welchem Gegenstand oder Tier? Verbinde.

4 m

Spielkarte

16 cm

Fußballfeld

100 m

Auto

Biene

15 mm

Bleistift

9 cm

2 **Die Sorgenfresser machen einen Ausflug zum Spielplatz. Trage die Längen ihrer Wege in die Tabelle ein.**

Frula: 235 m

Biff: 3 km 306 m

Betti: 1 km 500 m

Enno: 980 m

Polli: 744 m

Gump: 598 m

Name	1 km	100 m	10 m	m	Länge in m
Frula		2	3	5	235
Biff					
Betti					
Enno					
Polli					
Gump					

Den längsten Weg zum Spielplatz hat ....

Den kürzesten Weg zum Spielplatz hat ....

3 **Beim Hochsprung erreichten die Kinder unterschiedliche Höhen. Trage die Höhen in die Tabelle ein und fülle die Siegerliste aus.**

Simone: 1 m 2 cm

Karl: 98 cm

Kati: 111 cm

Stefan: 1 m 9 cm

Leonie: 99 cm

Lars: 1,20 m

Name	1 m	10 cm	1 cm

Hochsprung-Wettbewerb

1. ....
2. ....
3. ....
4. ....
5. ....
6. ....

Maßeinheiten anwenden

4 Wandle die Längen um. Ordne sie in Kommaschreibweise nach der Größe.

4 m 26 cm		1 m 8 cm			5 m 66 cm	
4, 26 m	8,83 m			7,01 m		
426 cm			930 cm			64 cm

.... > .... > .... > .... > .... > .... > ....

5 Miss die Längen mit dem Lineal und schreibe sie auf.

....

....

6 Zeichne die Längen. Benutze das Lineal.

2,7 cm:

57 mm:

0,8 cm:

3 cm 9 mm:

40 mm:

Wissen und Verstehen

Zahlen mit Längenangaben kannst du **addieren, subtrahieren, multiplizieren** und **dividieren.** Wichtig ist, dass alle Längen in der gleichen Maßeinheit stehen. Deshalb musst du manchmal zuerst in die gleiche Maßeinheit umwandeln.

Beim **schriftlichen Addieren** und **Subtrahieren** musst du die Längenangaben stellengerecht untereinanderschreiben. Es müssen alle Kommas untereinanderstehen.

8,38 m + 3,24 m = **?**

		8,	3	8	m
+		3,	2	4	m
			1		
	1	1,	6	2	m

13,43 m – 7,21 m = **?**

	1	3,	4	3	m
–		7,	2	1	m
	1				
		6,	2	2	m

1 **Überschlage zuerst. Rechne danach schriftlich aus.**

Ü: ....

373 m + 4 m 89 cm = ...

Ü: ....

85,22 m – 54 m 8 cm = ...

Ü: ....

195,3 m · 5 = ...

Ü: ....

6 · 36 cm 7 mm = ...

Rechnen mit Kommazahlen

2 Löse die Aufgaben.

8,10 m : 9 = ...

2,5 cm : 5 = ...

5,60 m : 8 = ...

3,50 m : 7 = ...

4,20 m : 6 = ...

0,66 m : 6 = ...

0,49 m : 7 = ...

0,60 m : 5 = ...

7,20 m : 9 = ...

0,16 m : 4 = ...

3 Ergänze die Rechenhäuser.

1 m

56,9 cm	43,1 cm
	33,3 cm
80,5 cm	
	8,99 cm
0,5 cm	
	$\frac{1}{2}$ m

1 km

874,9 m	125,1 m
	555,5 m
0,5 km	
	79,6 m
300 cm	
	1 000 m

4 Setze >, < oder = ein.

4 m 40 cm		44 m	878 mm		90 cm	6,70 m		670 cm
3,75 m		375 mm	90 mm		9 cm	1 km		100 m
1,3 km		130 m	20 m		20 km	842 m		8,42 m
381 cm		3,81 m	59 mm		5,9 km	2 km		200 mm

5 **Noah möchte für seine fünf Hasen einen Auslauf bauen.**
Er zeichnet dafür eine Skizze:

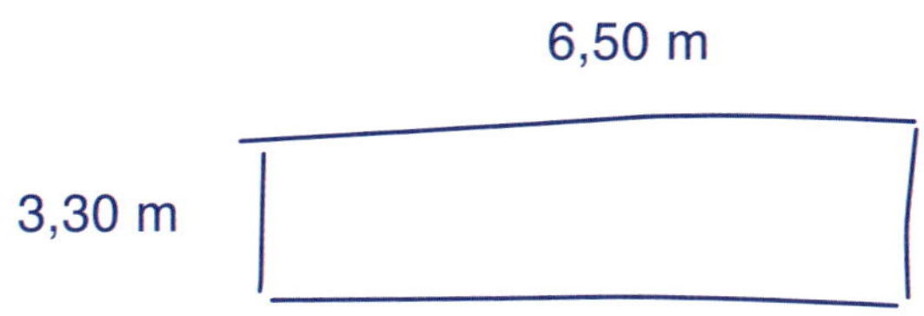

Er plant, den Auslauf zur Sicherheit 3-fach mit Draht zu umspannen.
Zum Festmachen benötigt Thomas zusätzlich 90 cm Draht.
In der Garage findet er eine 50-Meter-Rolle.
Reicht die Rolle oder muss Thomas noch weiteren Draht kaufen?

Rechnung:

Antwort: ....

Extrarunde

Aus drei mach eins

Frula, Polli und Betti wollen sich ein langes Springseil basteln.
Sie knoten ein 89 cm, ein 1,67 m und ein 2 m langes Stück zusammen.
Für die Knoten brauchen sie jeweils 15 cm. Nach dem Zusammenknoten machen sie noch an jedem Ende einen dicken Knoten zum Anfassen. Für jeden Knoten brauchen sie 18 cm. Wie lang ist das Springseil nach dem Zusammenknoten?

Gewichte ordnen und vergleichen

Wissen und Verstehen

Bei **Gewichten** gibt es unterschiedliche Maßeinheiten. Die gebräuchlichsten Maßeinheiten sind:
Tonne (t), Kilogramm (kg) und Gramm (g).

1 t = 1 000 kg
1 kg = 1 000 g

So kannst du Gewichte in einer Stellenwerttafel notieren:

1 kg	100 g	10 g	1 g	
4	2	5	0	4 kg 250 g = 4,250 kg
5	0	7	5	5 kg 75 g = 5,075 kg

Gewichtsangaben kannst du gut miteinander vergleichen, wenn sie in der gleichen Maßeinheit stehen. Deshalb musst du manchmal zuerst umwandeln, bevor du Gewichtsangaben miteinander vergleichen kannst.

6 kg 50 g 3,255 kg 6 kg 50 g = 6,050 kg 6,050 kg > 3,255 kg
oder 3,255 kg = 3 kg 255 g 6 kg 50 g > 3 kg 255 g

1 Ordne die passenden Gewichte zu.

Auto Packung Mehl Eisbär Banane

100 g 1 t 80 kg 20 g 700 kg 1 kg 4 t 250 kg

Brief Elefant Mann Löwe

2 Ergänze die Stellenwerttafel und ordne die Gewichte nach der Größe.

	1 kg	100 g	10 g	1 g
7 kg 328 g	7	3	2	8
1 kg 20 g				
753 g				
3,734 kg				
9 kg 800 g				
5 kg 5 g				
4,222 kg				
6 kg				
8,169 kg				

753 g < ……………………………………………………………………

……………………………………………………………………………

3 Wandle um. Schreibe die Gewichte mit Komma auf.

8 kg 400 g = 8,400 kg	4 kg 8 g = …………
5 kg 521 g = …………	999 g = …………
9 kg 200 g = …………	1 kg 10 g = …………
3 kg 44 g = …………	2 kg 624 g = …………
772 g = …………	12 g = …………

4 Setze >, < oder = ein.

3 kg 500 g ◯ 350 g	1,068 kg ◯ 128 kg	22 g ◯ 2 kg
1 kg 456 g ◯ 1,450 kg	650 g ◯ 65 g	450 g ◯ 1 kg
0,025 kg ◯ 25 g	1 kg 20 g ◯ 120 kg	0,352 kg ◯ 500 g

Gewichte ordnen und vergleichen

5 Ordne die Gewichtsangaben von schwer bis leicht.

6 Ergänze die fehlenden Angaben.

1 kg	
726 g	
	500 g
30 g	
	9 g
409 g	
	1 000 g
75 g	
	1 g

1 t	
333 kg	
	60 kg
1 000 g	
	500 kg
901 kg	
	1 kg
200 kg	
	5 kg

Wissen und Verstehen

Gewichte kannst du **addieren, subtrahieren, multiplizieren** und **dividieren.**
Beachte: Du kannst nur mit Angaben rechnen, die in der gleichen Maßeinheit stehen.

4 kg 512 g + 1 234 g = **?**
4 kg 512 g + 1 kg 234 g = **?**

	4	kg	5	1	2	g
+	1	kg	2	3	4	g
	5	kg	7	4	6	g

1 t – 513 kg = **?**
1 000 kg – 513 kg = **?**

	1	0	0	0	kg
–		5	1	3	kg
	1	1	1		
		4	8	7	kg

1 **Überschlage zuerst. Rechne dann schriftlich.**

Ü: ....

2 kg 427 g + 964 g = ...

Ü: ....

7 kg 403 g + 4 kg 19 g = ...

Ü: ....

1 t – 57 kg = ...

Ü: ....

8 kg 428 g – 1 kg 925 g = ...

Rechnen mit Gewichten

2 Berechne das Gewicht der einzelnen Früchte.

960 g | 720 g | 96 g | 1 kg 260 g

1 Birne wiegt ungefähr ....

1 Erdbeere wiegt ungefähr ....

1 Tomate wiegt ungefähr ....

1 Orange wiegt ungefähr ....

3 Enno braucht 1 kg Nüsse. Wie viele einzelne Nüsse sind das ungefähr?

Rechnung:

Antwort: ....

4 Betti kauft 3 Äpfel, 5 Tomaten und 6 Bananen. Ihr Korb wiegt leer 440 g. Wie schwer muss sie tragen? Rechne mit den Angaben aus Üben 2.

Rechnung:

5 Polli und Om wollen Waffeln backen. Laut Rezept brauchen sie für acht Waffeln: 150 g Butter, 80 g Zucker, 2 Eier, 180 g Mehl, 1 Teelöffel Backpulver und 1 Prise Salz.
Die Sorgenfresser wollen die doppelte Menge Waffeln backen.
Wie verändern sich die Zutaten? Berechne auch die Zutaten für die halbe Menge.

	Butter	Zucker	Eier	Mehl	Backpulver	Salz
16 Waffeln						
4 Waffeln						

6 Eine Tüte Gummibärchen wiegt 300 g.
3 Gummibärchen wiegen 6 g.
Wie viele sind in einer Tüte?

Rechnung:

Antwort: ....

Extrarunde

Bälle wiegen

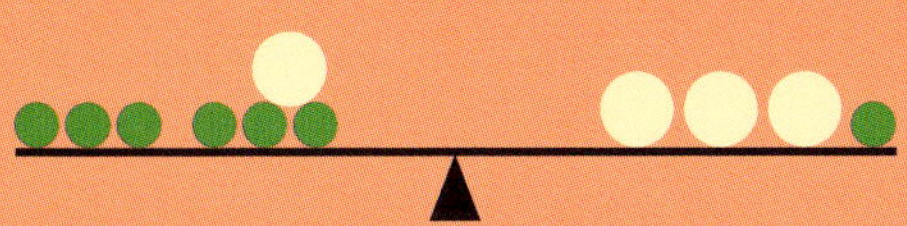

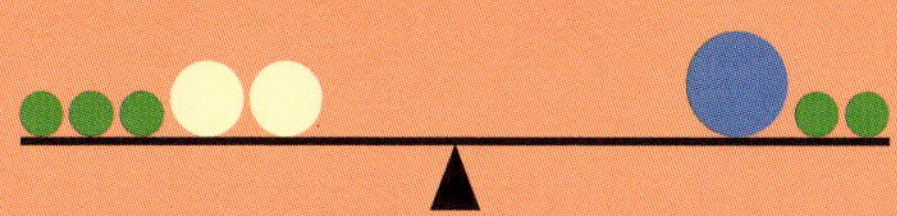

Jeder kleine grüne Ball wiegt 50 g. Wie schwer ist der große blaue Ball?

Wissen und Verstehen

Die **Zeitdauer** und **Zeitspannen** können in verschiedenen Einheiten gemessen werden: Jahr, Monat, Tag, Stunde (h), Minute (min) oder Sekunde (s).

1 Jahr = 12 Monate = 365 Tage oder 366 Tage
1 Monat dauert zwischen 28 und 31 Tagen.
1 Woche = 7 Tage
1 Tag = 24 Stunden
1 Stunde = 60 Minuten
1 Minute = 60 Sekunden

Manchmal ist es wichtig, von einer größeren in eine kleinere Einheit umzuwandeln:

Von Stunden in Minuten oder von Minuten in Sekunden:
4 h 40 min = 4 · 60 min + 40 min = 240 min + 40 min = 280 min
5 min 13 s = 5 · 60 s + 13 s = 300 s + 13 s = 313 s

1 **Lies von der Stoppuhr ab, wie viele Sekunden die Sorgenfresser zum Laufen gebraucht haben. Schreibe die Zeiten auf.**

Flamm: .... s Frula: .... s Enno: .... s Betti: .... s

So lange haben die anderen Sorgenfresser für die Strecke gebraucht:

Saggo: 1 min 4 s Polli: 57 s Biff: 1 min 10 s Schnulli: 1 min

Ordne alle Zeiten:

39 s < ....

....

Zeitmaße umwandeln

2 Wandle um.

min ⇄ s	
5 min	
	360 s
14 min	
	720 s
7 min 55 s	
	600 s
16 min 40 s	

h ⇄ min	
8 h	
	420 min
$\frac{1}{2}$ h	
	900 min
9 h 17 min	
	200 min
6 h 41 min	

3 Ergänze die Sätze.

1 Jahr hat .... Monate. 1 halbes Jahr hat .... Monate.

2 Jahre 4 Monate sind .... Monate.

60 Monate sind .... Jahre.

14 Tage sind .... Wochen. 56 Tage sind .... Wochen.

10 Wochen 3 Tage sind .... Tage.

4 Ordne die Zeitangaben nach der Größe.

30 min 28 h 23 Monate

2 Jahre 100 s 3 Wochen

$\frac{1}{2}$ Tag $\frac{3}{4}$ h

.... < .... < .... < .... < .... < .... < .... < ....

Zeitspannen und Zeitpunkte bestimmen

Wissen und Verstehen

Mit einem Pfeilbild oder mit einem Rechenstrich ist es ganz einfach, die **Zeitspanne** oder die **Zeitdauer** oder die **Zeitpunkte** auszurechnen.

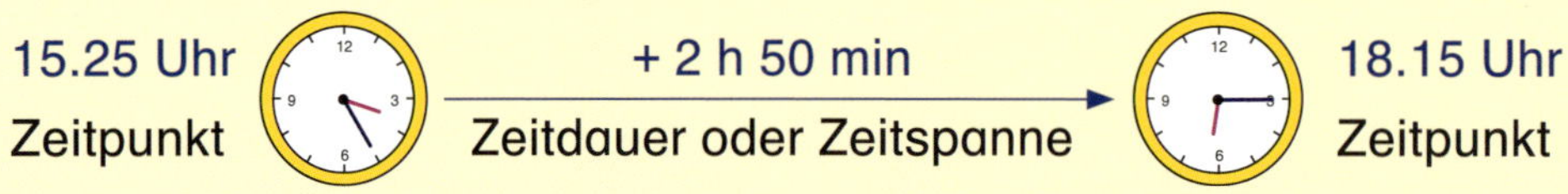

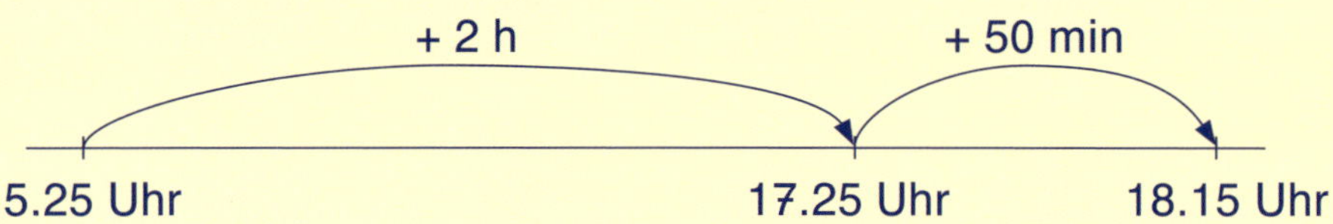

1 Wie viel Zeit ist vergangen? Löse mit Pfeilbildern.

14.10 Uhr → 15.05 Uhr

.... h .... min

16.45 Uhr → 18.30 Uhr

.... h .... min

23.25 Uhr → 6.50 Uhr

.... h .... min

2 Ergänze die fehlenden Angaben zu den Wettbewerben am Sportfest.

Sportart	Weitsprung	Kugelstoßen	Hochsprung	10-km-Lauf
Beginn	8.45 Uhr	9.10 Uhr		
Dauer	2 h 35 min		3 h 38 min	49 min
Ende		10.55 Uhr	13.15 Uhr	14.30 Uhr

3 Saggo läuft zur Autorennstrecke. Nach 6 Minuten Fußweg fällt ihm ein, dass er seine Startnummer vergessen hat. Er muss wieder umkehren. Eigentlich braucht er für den Weg 27 Minuten. Wie lange braucht er dieses Mal?

Rechnung/Pfeilbild:

Antwort: ....

4 Florian möchte bereits eine halbe Stunde vor Beginn des Weitsprungwettbewerbs im Stadion sein. Der Wettbewerb beginnt um 8.45 Uhr. Florian muss vorher noch 8 Minuten zur Haltestelle laufen. Der Bus Nummer 7 braucht bis zum Stadion 13 Minuten. Er fährt immer zur vollen Stunde ab. Wann muss Florian von zu Hause los?

Rechnung/Pfeilbild:

Antwort: ....

Extrarunde

Zu früh oder zu spät?

Ernst hat sich mit Sepp an der Rennstrecke verabredet. Sie wollen sich genau um 15.00 Uhr treffen. Ernsts Uhr geht aber falsch. Er glaubt, dass sie 10 Minuten nachgeht. Deshalb ist er nach seiner Uhr um 14.50 Uhr an der Rennstrecke, damit er pünktlich ist. Aber Sepp ist nicht da. Ist er noch nicht da oder vielleicht schon wieder weg? Ernsts Uhr geht aber nicht nach, sondern 15 Minuten vor. Wie spät ist es in Wirklichkeit?

Bist du fit?

Kannst du die richtige Maßeinheit zuordnen?

Felix' Schulranzen ist 8 .... schwer.

Das Lineal im Mäppchen ist 16 .... lang.

Beim Sportfest warf Jule den Schlagball 24 .... weit.

Eine Büroklammer ist 25 .... lang. Die Banane wiegt etwa 70 ....

Lisa bekommt 5 .... Taschengeld in der Woche.

Cems Schulweg ist 3 .... lang. Er braucht dafür 45 ....

Ein Lutscher kostet 25 .... Der Klavierunterricht dauert immer 1 ....

Überlege, welche Maßeinheit zu einer bestimmen Aussage passt.

- Wenn du fragen kannst: Wie lang, wie breit, wie hoch oder wie weit etwas ist, dann geht es um Längen.
- Wenn du fragen kannst: Wie schwer etwas ist oder was etwas wiegt, dann geht es um Gewichte.
- Wenn du fragen kannst: Wie teuer etwas ist, dann geht es um Geld.
- Wenn du fragen kannst: Wie lange etwas dauert, dann geht es um Zeit.

- Wenn du den Bereich erkannt hast, wählst du die passende Maßeinheit.
- Jetzt musst du noch überprüfen, ob die Maßeinheit stimmt oder ob du eine zu große oder zu kleine Einheit gewählt hast.

Setze die richtigen Maßeinheiten in die Trainingskarte ein.

cm h ct kg

min m km

€ g mm

Kannst du Maßeinheiten umwandeln?

- 6 m = ... cm
- 900 ct = ... €
- 5 cm = ... mm
- 1 kg = ... g
- 63 ct = ... €
- 365 g = ... kg
- 6,5 m = ... cm
- 726 ct = ... €
- 720 g = ... kg
- 400 cm = ... m

Überlege:

- Hast du bei Geldbeträgen daran gedacht, dass 1 Euro 100 Cent sind?
- Hast du bei Längen daran gedacht, dass 10 Millimeter 1 Zentimeter, 100 Zentimeter 1 Meter und 1 000 Meter ein Kilometer sind?
- Hast du bei Gewichten daran gedacht, dass 1 000 Gramm ein Kilogramm und 1 000 Kilogramm 1 Tonne sind?
- Hast du daran gedacht, dass die Zahl größer wird, wenn du in eine kleinere Einheit umwandelst?
- Hast du daran gedacht, dass die Zahl kleiner wird, wenn du in eine größere Einheit umwandelst?

Schreibe die richtigen Ergebnisse in die Aufgaben in der Trainingskarte.

0,90 €	72,60 €	65 cm	90 €	0,63 €	600 cm	7,26 €	
0,5 km	9 €	7 kg 20 g	50 mm	3,65 kg	6,30 €	0,720 kg	
650 cm	4 m	500 mm	0,365 kg	100 g	5 mm	40 m	1 000 g

Daten in Pfeilbilder übertragen

Wissen und Verstehen

Daten können in Schaubilder, wie Pfeilbilder, Tabellen oder Diagramme, übertragen oder aus ihnen abgelesen werden.
Häufig kommen Daten in Sachaufgaben vor, die in Textform geschrieben sind. Die Texte musst du dann besonders genau lesen.
Schaubilder helfen, die Daten auf einen Blick zu erfassen und Rechenwege zu verdeutlichen.

Pfeilbilder als Schaubilder kommen meistens bei Aufgaben vor, bei denen mit Zeiteinheiten gerechnet wird.

Ein Schwimmwettbewerb beginnt morgens um 9.00 Uhr und endet um 16.30 Uhr. Wie lange dauerte er?

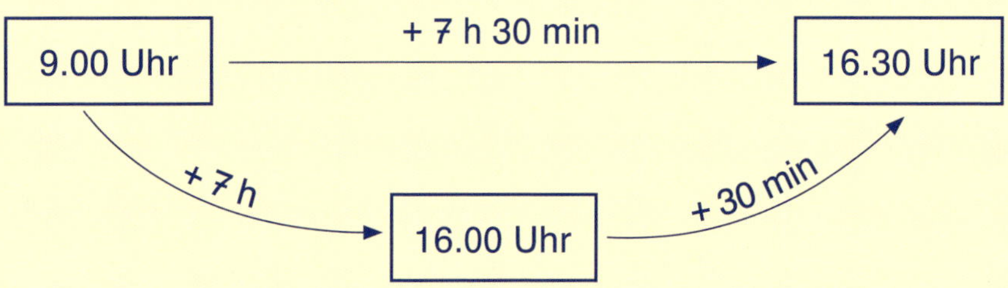

1 **Ed, Ernst und Schnulli möchten angeln gehen. Sie treffen sich um 10.15 Uhr. Mit den Fahrrädern brauchen sie 20 Minuten zum See. Um 17.10 Uhr sind sie wieder zu Hause. Wie lange waren sie tatsächlich angeln?**

Rechnung/Pfeilbild:

Antwort: ....

Wissen und Verstehen

Tabellen als Schaubilder sind bei allen möglichen Aufgaben zu finden, weil sich Daten in ihnen sehr übersichtlich darstellen lassen.

Anzahl Tiere	Anzahl Katzen	Anzahl Hunde
𝍸 𝍸 𝍸 𝍸 𝍸 𝍸 𝍸 II	𝍸 𝍸 𝍸 I	𝍸 𝍸 𝍸 𝍸 I

· 9

· 3 · 3

Stück	1	3	9
Preis	30 ct	90 ct	270 ct

· 3 · 3

· 9

1 **Die Klasse 3a wählt ihren Klassensprecher. Jedes Kind hat zwei Stimmen.**

Klassensprecher wird ....

In die Klasse gehen .... Kinder.

2 **Ergänze die Tabelle.**

Anzahl Kinder	5	25	70			300	700	1 000
Mannschaften	1			19	25			

Daten in Diagramme übertragen und umgekehrt

Wissen und Verstehen

Auch in **Diagrammen** werden Daten dargestellt. Vielfältige Informationen können aus Diagrammen auf einen Blick abgelesen werden.

In einem Schwimmverein sind 10 Kinder in einer Schwimmfördergruppe. 15 Kinder sind Nichtschwimmer und 30 Kinder sind Schwimmer, aber nicht in der Schwimmfördergruppe.

Säulendiagramm:

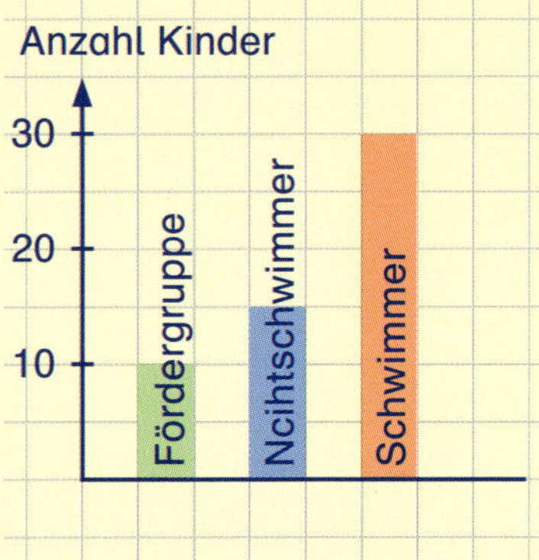

Balkendiagramm:

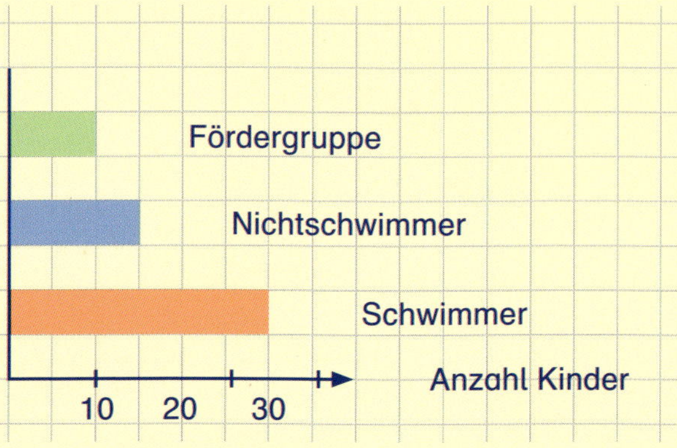

Streifendiagramm:

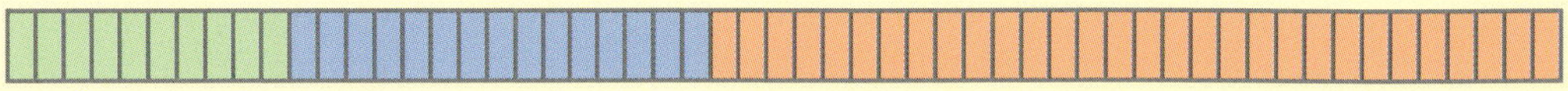

1 **Die Klasse 3c wählt ihren liebsten Schwimmstil. Übertrage die Informationen aus dem Balkendiagramm in ein Streifendiagramm.**

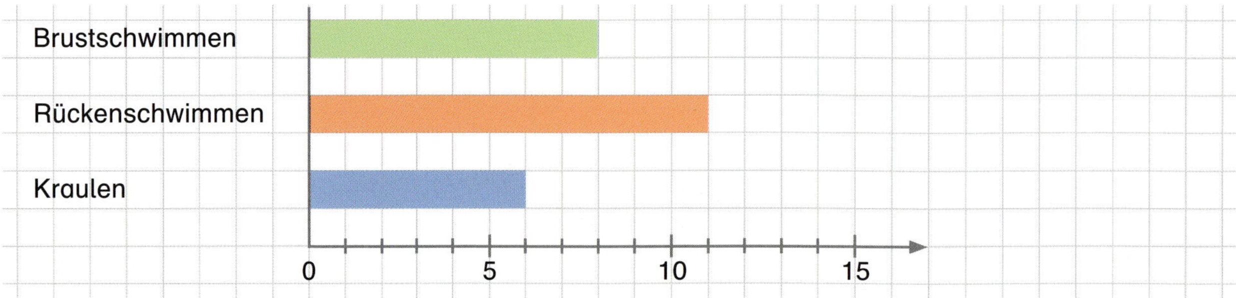

Streifendiagramm: 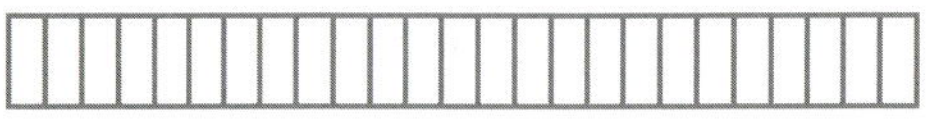

Der beliebteste Schwimmstil ist ....

2 **Dieses Säulendiagramm zeigt die durchschnittliche Sonnenscheindauer in Mannheim.**

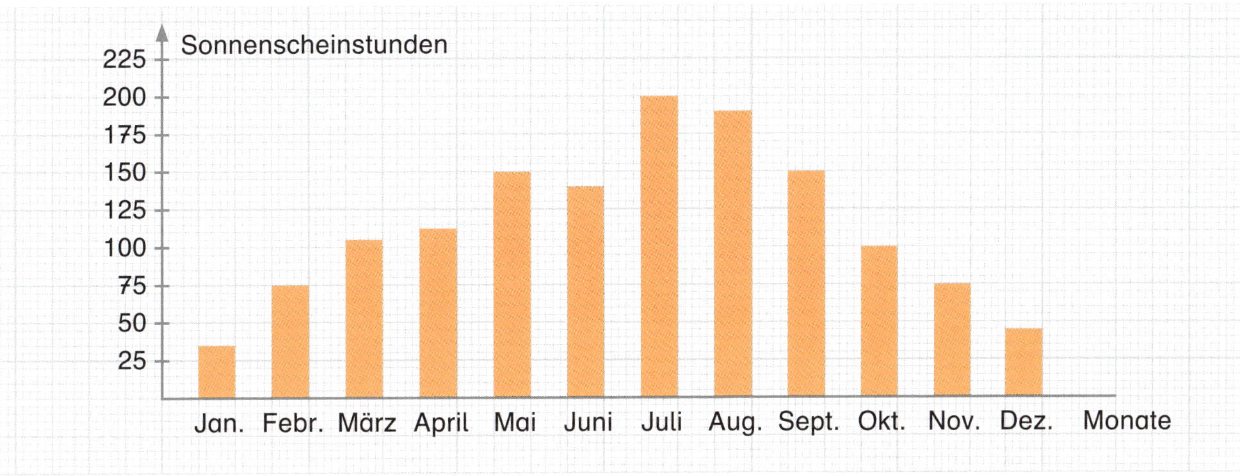

Im Monat .... scheint die Sonne am häufigsten.

Im Monat .... scheint die Sonne am kürzesten.

Welche Monate haben ungefähr die gleiche Anzahl an Sonnenscheinstunden?

....

Extrarunde

Alter gesucht

Meike, Vivi, Sarah, Kim und Annika sind Kusinen. Meike ist 10 Jahre alt und 4 Jahre älter als Vivi. Sarah ist 2 Jahre älter als Vivi und 4 Jahre jünger als Kim. Annika ist halb so alt wie Sarah.

Welche Säule passt zu welchem Kind? Schreibe die Namen dazu.

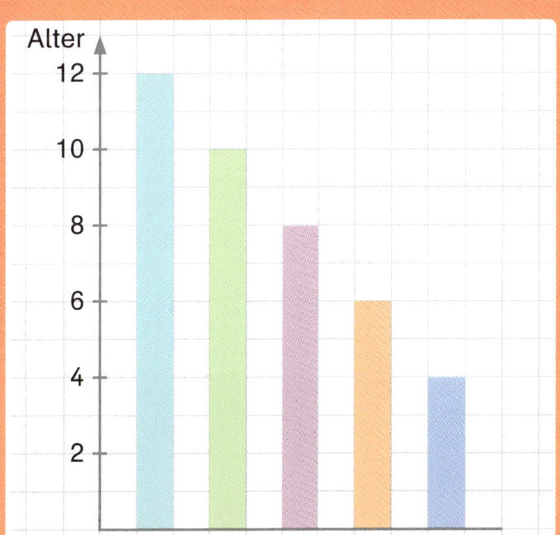

Wahrscheinlichkeiten voraussagen

Wissen und Verstehen

Bei **Zufallsexperimenten** kann das Ergebnis nicht sicher vorausgesagt werden. Es gibt aber Experimente, bei denen das Ergebnis mit einer gewissen Wahrscheinlichkeit vorausgesagt werden kann, weil es Möglichkeiten gibt, die häufiger zutreffen. Zu den Zufallsexperimenten gehören z. B. Aufgaben mit Würfeln, das Münzenwerfen, Streichhölzerziehen, Loseziehen …

Marvin und Tilo spielen mit 2 Würfeln. Sie addieren die Augensummen. Marvin bekommt immer einen Punkt, wenn eine gerade Summe gewürfelt wurde, und Tilo bei einer ungeraden Summe. Sie würfeln 20-mal. Wer wird wohl gewinnen?

Die Wahrscheinlichkeit, dass Marvin gewinnt, ist höher, da es wahrscheinlicher ist, dass die Summe gerade ist. Das lässt sich auch in einer Tabelle darstellen.

+	⚀	⚁	⚂	⚃	⚄	⚅
⚀	2	3	4	5	6	7
⚁	3	4	5	6	7	8
⚂	4	5	6	7	8	9
⚃	5	6	7	8	9	10
⚄	6	7	8	9	10	11
⚅	7	8	9	10	11	12

- Tauschaufgaben, z. B. 3 + 2 = 2 + 3
- gerade Summen, z. B. 4, 6, …
- ungerade Summen, z. B. 3, 5, …

1 **Würfle mit zwei Würfeln. Vermute und kreuze an, welche der Augensummen du am häufigsten würfeln wirst. Vergleiche dann mit dem tatsächlichen Ergebnis.**

Augensummen	1	2	3	4	5	6
Vermutung						
Ergebnis						

2 **Ed hat einen Beutel mit 10 roten, 10 blauen und 10 gelben Murmeln. Er nimmt nacheinander zwei Murmeln aus dem Beutel. Welche zwei Murmeln könnten das sein? Vervollständige das Baumdiagramm.**

1. Murmel

2. Murmel

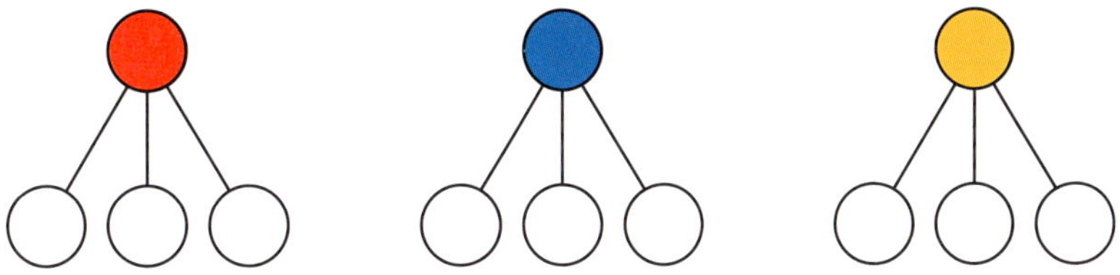

Es gibt .... Möglichkeiten.

3 **Spiele mit einem Kind oder einem Erwachsenen „17 verliert“.
Lege dazu 17 Streichhölzer auf einen Haufen.
Abwechselnd muss jeder Spieler ein, zwei oder drei Streichhölzer davon in eine Reihe legen.
Wer das letzte der 17 Streichhölzer nehmen muss, hat verloren.**

Es gibt einen Trick, wie man ganz sicher gewinnen kann. Findest du ihn heraus?

Extrarunde

Klug entscheiden

Du spielst mit zwei Würfeln. Du multiplizierst die Augenzahlen jedes Wurfes miteinander. Du musst dich vor dem Spiel für eine Regel entscheiden.
Regel 1: Du bekommst einen Punkt, wenn das Ergebnis gerade ist.
Regel 2: Du bekommst einen Punkt, wenn das Ergebnis ungerade ist.

Für welche Regel entscheidest du dich? Begründe.

Bist du fit?

Kannst du Daten in Diagramme übertragen?

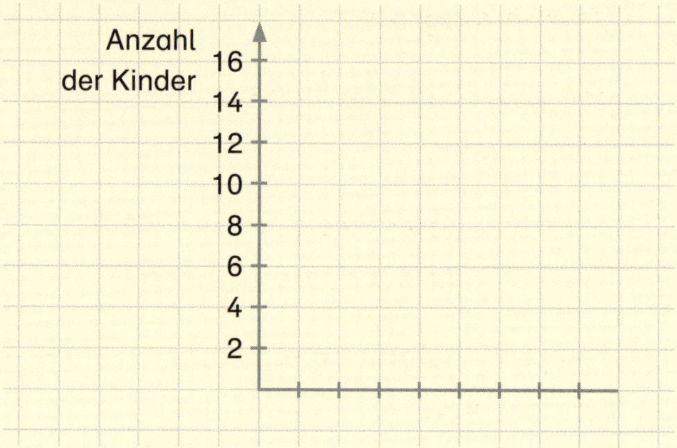

Überlege:

- In welchem Diagramm kannst du die Daten darstellen?
- Kannst du die Daten unverändert übertragen?
- Wenn das nicht geht, dann überlegst du dir eine Einheit, z. B. 1 Karo sind 2 Kinder, wie du die Daten gut eintragen und wieder ablesen kannst.
- Du rechnest die Daten um.
- Du überträgst die Daten in das Diagramm.

Übertrage die Daten in die Diagramme der Trainingskarte.

Pausengetränke

Getränk	Wasser	Milch	Kakao	Apfelsaft
Anzahl der Kinder	𝍸 𝍸	|||	||||	𝍸 ||

Stelle das Ergebnis in einem Streifendiagramm dar.

So kommen die Kinder der 3a zur Schule:

Weg	Fahrrad	Bus	Auto	zu Fuß
Anzahl der Kinder	𝍸 𝍸 ||||	𝍸		||	𝍸

Stelle das Ergebnis in einem Säulendiagramm dar.

Bist du fit?

Kannst du Daten aus Diagrammen zuordnen?

Streifendiagramm

Von 28 Schülern haben 6 zwei Geschwister.

Von 28 Schülern haben 12 entweder einen Bruder oder eine Schwester.

Von 28 Schülern haben 2 drei Geschwister.

Von 28 Schülern haben 10 einen Bruder.

Von 28 Schülern haben 10 keine Geschwister.

Die meisten Geschwister sind Mädchen.

Säulendiagramm

Von 26 Schülern haben 12 am liebsten Mathematik.

Davon sind die Hälfte Mädchen.

Von 26 Schülern haben 6 am liebsten Deutsch.

Von 26 Schülern haben 5 am liebsten Sport.

Von 26 Schülern haben 3 Kinder am liebsten Kunst.

Der Rest singt am liebsten.

Überlege:

- Welcher Text gehört zu welchem Schaubild?
- Lies jeden Satz und überprüfe, ob du die Daten im Schaubild wiederfindest.
- Die Aussage ist richtig, wenn du die Daten ablesen kannst.

Schau dir die Diagramme an und unterstreiche die richtigen Aussagen in der Trainingskarte.

Streifendiagramm

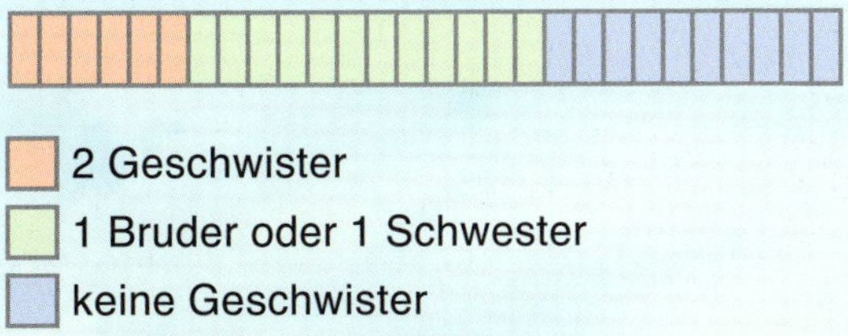

Säulendiagramm

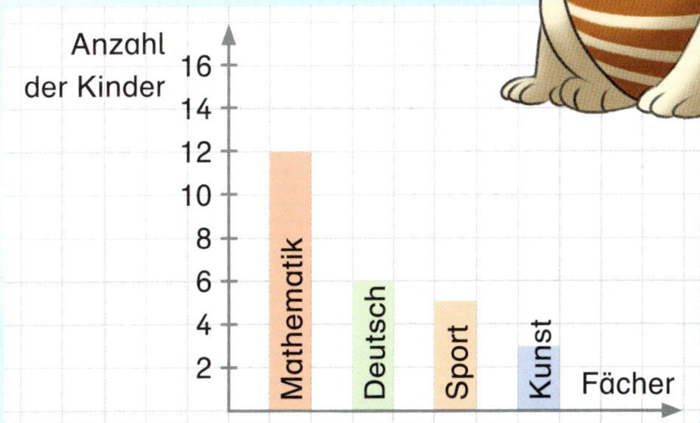

Abschlusstest

Löse zuerst alle Testaufgaben. Schreibe die Nebenrechnungen in dein Heft. Kontrolliere deine Ergebnisse im Lösungsteil.
Male zu jeder Aufgabe nach der Kontrolle die Ampel so an:

- Hier ist alles richtig.
- Ich habe noch einige Fehler gemacht.
- Das übe ich noch einmal.

1 Zähle weiter. Trage die fehlenden Zahlen ein.

721, 722, ..., ..., ..., ...

........, ..., 437, ..., ..., ...

........, ..., 978, ..., ..., ...

........, ..., 601, ..., ..., ...

> siehe Seite 8

2 Trage die Zahlen in den Zahlenstrahl ein.

680 | 770 | 855 | 905

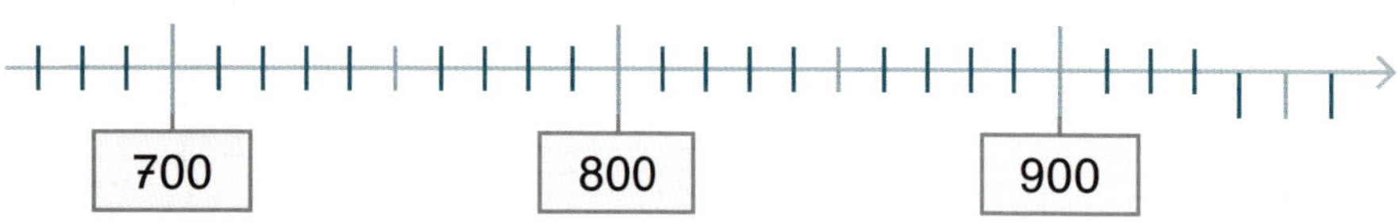

> siehe Seite 9

3 Schreibe alle möglichen 3-stelligen Zahlen auf. Jede Ziffer darf nur einmal in jeder Zahl vorkommen.

6 | 4 | 8 ....

Ordne die Zahlen nach der Größe.

.... < .... < .... < .... < .... < ....

> siehe Seite 6

4 Ergänze.

	3		4
+	2	1	8
		9	

	1	6	
+		8	4
	3		3

	9	2	
−	7		8
		4	7

	6		
−	1	3	5
		5	6

> siehe Seite 20, 26

5 Überprüfe durch Überschlag. Kreuze richtige Ergebnisse an.

62 · 3 = 216 ☐ 72 · 8 = 576 ☐

48 · 4 = 192 ☐ 37 · 5 = 385 ☐

> siehe Seite 12, 30

6 Male Kärtchen mit gleichem Ergebnis mit der gleichen Farbe an.

780 : 10 325 : 5 6 · 80 640 − 562

390 : 6 48 · 10 752 + 248 10 · 100

> siehe Seite 14, 16, 20, 26, 30, 34, 36

7 Trage die fehlenden Zahlen ein.

1 000

[ ] 485

[ ] 247 [ ]

[ ] [ ] [ ] 97

Trage die passenden Zahlen ein. Eine Zahl bleibt übrig.

[ ]

[ ] [ ]

[ ] [ ] [ ]

445 219

999 552

997 112 333

> siehe Seite 14, 16, 20, 26

8 Trage die fehlenden Zahlen ein und schreibe die passende Regel auf.

340, 310, 410, 380, ..., ..., ..., ...

Regel: ....

960, 480, 240, ..., ..., ..., ...

Regel: ....

> siehe Seite 62

9 Die Firma Wagner verschickt an ihre Kunden Briefe.

15 Briefe wiegen 18 g,
23 Briefe wiegen 60 g und
10 Briefe wiegen 870 g.
Was kostet es, diese Briefe zu verschicken?

Briefe	
Gewicht	Porto
bis 20 g	0,55 €
bis 50 g	0,90 €
bis 500 g	1,45 €
bis 1 000 g	2,20 €

Es kostet: ....

> siehe Seite 74, 82

10 Saggo und Gump nehmen an einem Wettrennen teil.
Saggo läuft die 1 000-Meter-Strecke in 4 Minuten 20 Sekunden.
Gump läuft die 800-Meter-Strecke in 3 Minuten und 44 Sekunden.
Wer ist der schnellere Läufer?

Antwort: .... war der schnellere Läufer.

> siehe Seite 76, 79, 88

11 Hannah fährt mit dem Fahrrad zum Tennistraining. Sie fährt um 14.30 Uhr los und ist um 14.50 Uhr dort.
Ihre Trainerstunde beginnt um 15 Uhr und dauert 45 Minuten.
Sie duscht noch und macht sich 20 Minuten später auf den Heimweg. Wann ist Hannah wieder zu Hause?
Löse mit einem Pfeilbild.

Antwort: ....

> siehe Seite 88, 90

12 Ein Schulbus fährt jeden Tag 38 Schülerinnen und Schüler zur Schule und nachmittags wieder zurück. Eine Wegstrecke ist 23 km lang. Der Bus fährt von Montag bis Freitag. Wie viele Kilometer legt er in 4 Wochen zurück?

Antwort: Er legt insgesamt .... km zurück.

> siehe Seite 34, 76, 79

13 Zeichne das Spiegelbild.

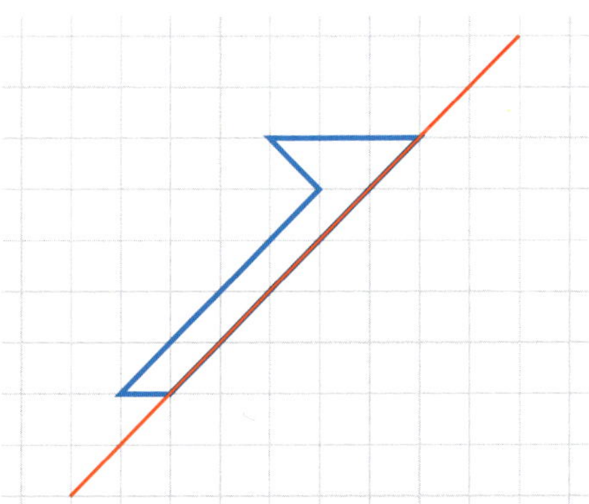

> siehe Seite 54

14 Ergänze das Muster.

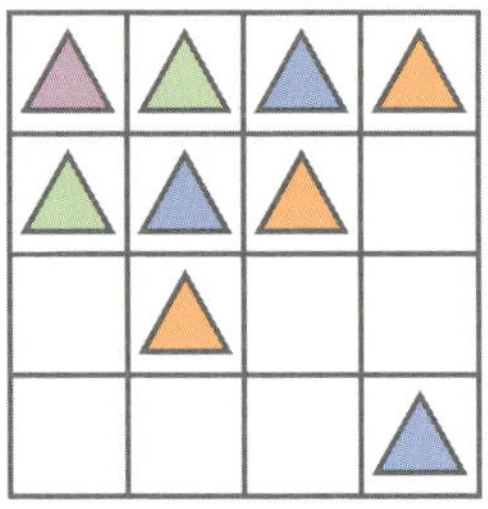

> siehe Seite 58

15 Ein Turnverein kauft neue Bälle. Ergänze das Diagramm und die Tabelle.

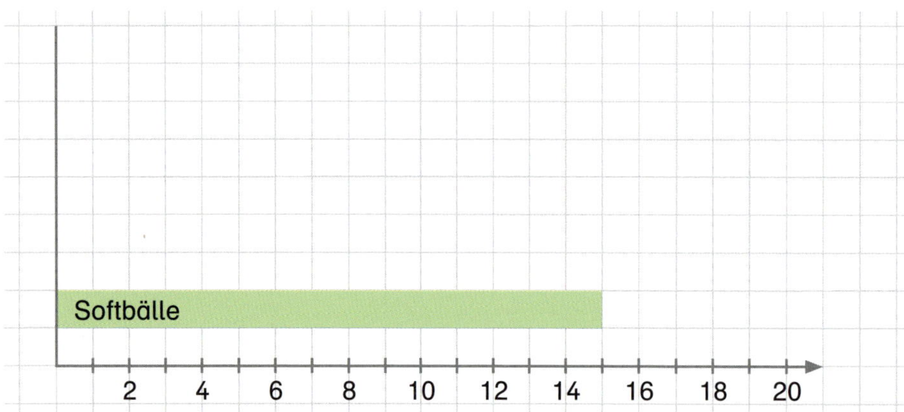

Bälle	Fußbälle	Handbälle	Basketbälle	Softbälle
Anzahl	18	12	8	

> siehe Seite 95, 96

16 Welche Flächen sind gleich groß?
Kennzeichne sie.

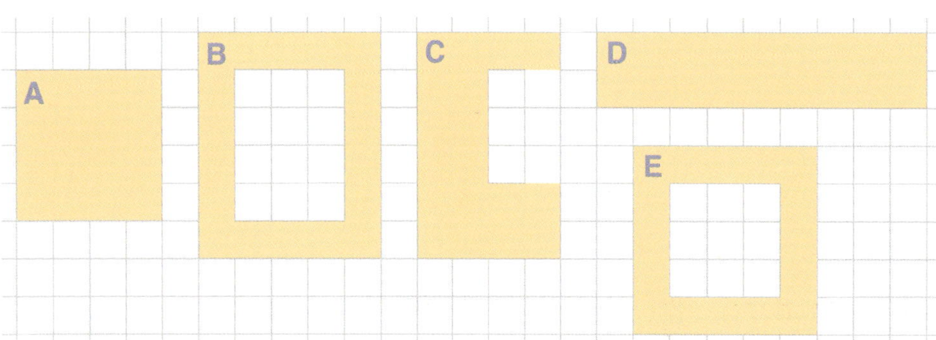

> siehe Seite 44

17 Welcher Würfel passt zu welchem Netz?

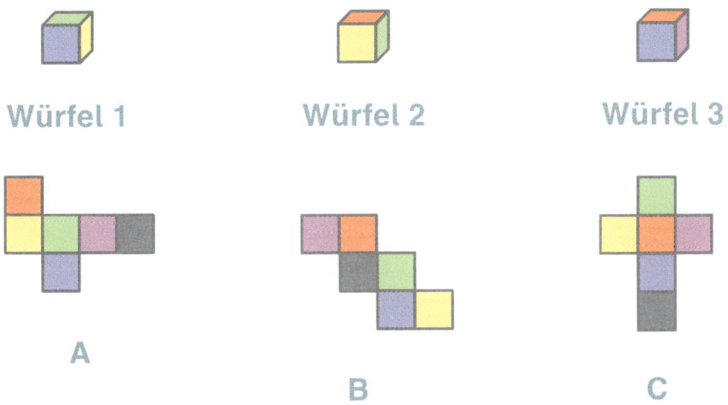

> siehe Seite 48

18 Schreibe die Baupläne auf.

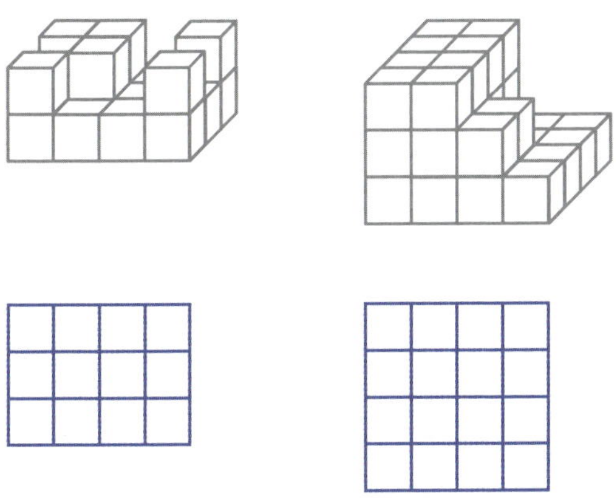

> siehe Seite 52

Dein Ergebnis bei den 18 Aufgaben:

Maßeinheiten

Geld

Euro	**€**	
Cent	**ct**	1 € = 100 ct

3 € 75 ct = 3,75 €
60 ct = 0,60 €

Längen

Kilometer	**km**	1 km = 1 000 m
Meter	**m**	1 m = 100 cm
Zentimeter	**cm**	1 cm = 10 mm
Millimeter	**mm**	

1 m 25 cm = 125 cm
250 m = 0,25 km

Gewichte

Tonne	**t**	1 t = 1 000 kg
Kilogramm	**kg**	1 kg = 1 000 g
Gramm	**g**	

725 g = 0,725 kg
250 kg = 0,25 t

Zeit

Stunde	**h**	1 h = 60 min
Minute	**min**	1 min = 60 s
Sekunde	**s**	

1 h 30 min = 90 min
1 min 40 s = 100 s

Geometrie

Linien

Linie | Gerade | Strecke | parallel | senkrecht | rechter Winkel

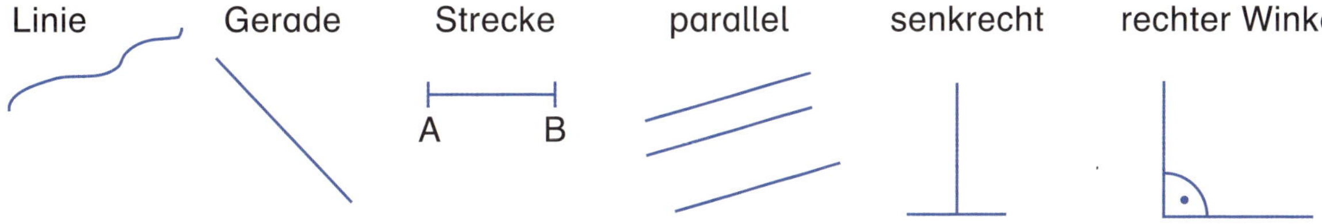

Ebene Figuren (Flächen)

Kreis

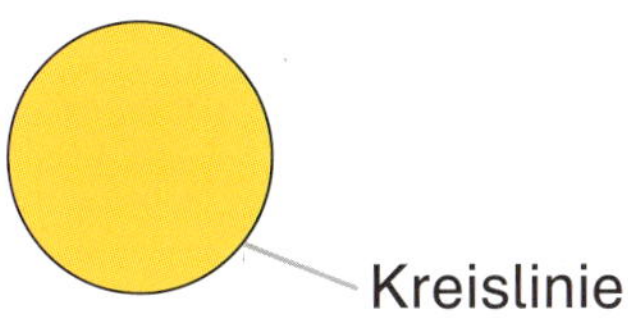

Dreieck

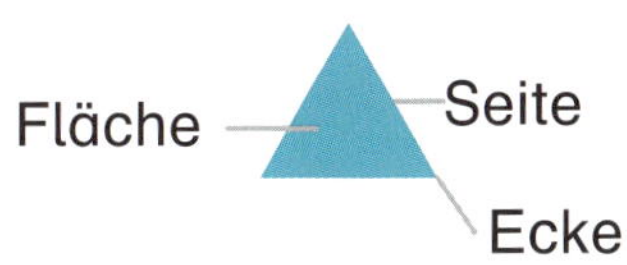

3 Ecken 3 Seiten

Viereck

4 Ecken 4 Seiten

Rechteck

gegenüberliegende Seiten gleich lang

Quadrat

4 gleich lange Seiten

Sechseck

6 Ecken, 6 Seiten

Vielecke

viele Ecken, viele Seiten

Körper

Würfel

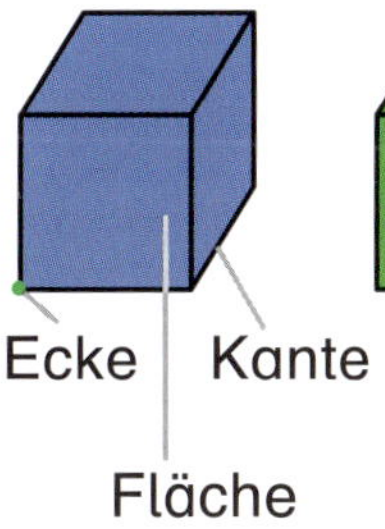

Quader

6 Flächen, 8 Ecken, 12 Kanten

Pyramide

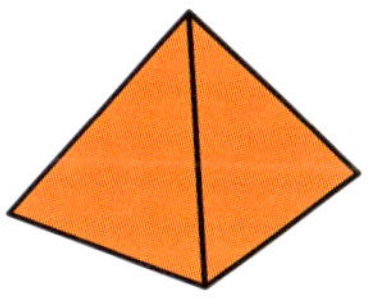

5 Flächen, 5 Ecken, 8 Kanten

Kugel

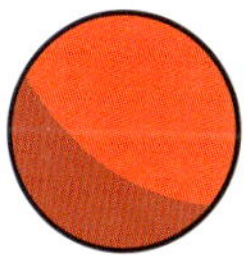

1 Fläche keine Ecken

Zylinder

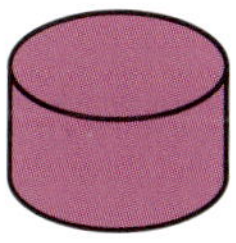

3 Flächen, keine Ecken, 2 Kanten

Kegel

2 Flächen, 1 Ecke, 1 Kante

Lösungen

Zahlen und Grundrechenarten

Seite 6 1

H	Z	E
4	3	3

H	Z	E
6	6	7

H	Z	E
9	0	1

H	Z	E
1	5	3

Seite 7 2

H	Z	E
2	4	6

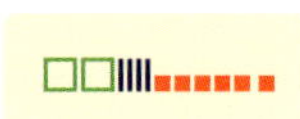

H	Z	E
4	0	7

H	Z	E
5	5	0

H	Z	E
6	2	4

Seite 7 3

Zahlwort	Zahl
siebenhundertsechzehn	716
achthundertneunzig	890
fünfhundertsechzig	560
neunhundertneun	909
hunderteinundfünfzig	151
dreihundertsiebenundvierzig	347
tausend	1 000
vierhundertvierundzwanzig	424

Seite 7 4

345 < 453 508 < 580 $3 \cdot 8 + 24 = 6 \cdot 7 + 6$

344 = 344 888 > 808 $39 : 3 - 3 > 48 : 8 + 3$

die Hälfte von 300 > das Doppelte von 60

der Vorgänger von 700 < der Nachfolger von 699

siebenhundertdreiundsiebzig < siebenhundertsiebenunddreißig

Seite 8 5

Vorgänger	Zahl	Nachfolger
419	420	421

Vorgänger	Zahl	Nachfolger
799	800	801

Vorgänger	Zahl	Nachfolger
599	600	601

Vorgänger	Zahl	Nachfolger
298	299	300

Seite 8 6

117, 118, 119, 120, 121, 122, 123, 124, 125, 126

694, 695, 696, 697, 698, 699, 700, 701, 702, 703, 704

Seite 8 7

Lösungen: 428, 894

Seite 9 1

A = 170, B = 320, C = 630, D = 710, E = 960

Seite 9 2

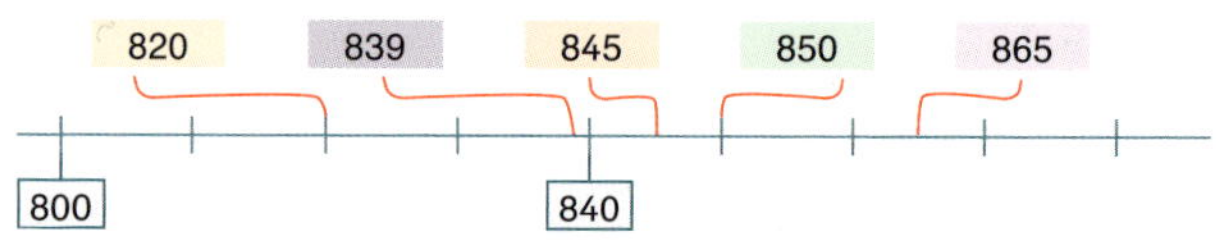

Seite 9 Extrarunde

1.

H	Z	E
●	●●●●●	●●

→ 152

2.

H	Z	E
●	●●●●● ●●●●●	●●

H	Z	E
●●		●●

→ 202

3.

H	Z	E
●●●●● ●●●●●		

→ 10 Hunderter = 1 000

T	H	Z	E
●			

Seite 10 1

261 ≈ 260 673 ≈ 670 777 ≈ 780 355 ≈ 360

45 ≈ 50 994 ≈ 990 196 ≈ 200 402 ≈ 400

Seite 10 2

330 ≈ 300 460 ≈ 500 151 ≈ 200 78 ≈ 100

849 ≈ 800 545 ≈ 500 685 ≈ 700 772 ≈ 800

Seite 11 3

Besucher im Kino innerhalb einer Woche	Gerundete Zahl (Zehner)	Gerundete Zahl (Hunderter)
434 am Montag	430	400
358 am Dienstag	360	400
567 am Mittwoch	570	600
322 am Donnerstag	320	300

Besucher im Kino innerhalb einer Woche	Gerundete Zahl (Zehner)	Gerundete Zahl (Hunderter)
679 am Freitag	680	700
801 am Samstag	800	800
896 am Sonntag	900	900

Seite 11 4

Mögliche Zahlen: 545, 546, 547, 548, 549, 550, 551, 552, 553, 554

Seite 11 5

446 ≈ 450, 923 ≈ 920, 505 ≈ 510
891 ≈ 890, 329 ≈ 330, 102 ≈ 100
374 ≈ 400, 108 ≈ 100, 955 ≈ 1 000
549 ≈ 500, 666 ≈ 700, 928 ≈ 900

Seite 12 1

Aufgaben	Gerundet auf die Zehnerstelle	Gerundet auf die Hunderterstelle
731 + 123	730 + 120	700 + 100
309 + 641	310 + 640	300 + 600
174 + 530	170 + 530	200 + 500
356 + 362	360 + 360	400 + 400
551 + 437	550 + 440	600 + 400
298 + 485	300 + 490	300 + 500
413 + 209	410 + 210	400 + 200
68 + 141	70 + 140	100 + 100
675 + 254	680 + 250	700 + 300
801 + 168	800 + 170	800 + 200
295 + 97	300 + 100	300 + 100

Seite 13 2

742 + 171, 700 + 200, 740 + 170
309 + 356, 300 + 400, 310 + 360
884 + 68, 880 + 70, 900 + 100
478 + 125, 480 + 130, 500 + 100
Übrig bleibt: 800 + 200.

Seite 13 3

Montag und Mittwoch (400 + 600 = 1 000)
Dienstag und Mittwoch (400 + 600 = 1 000)
Donnerstag und Freitag (300 + 700 = 1 000)

Seite 14 1

742 + 213 = 955
742 + 200 = 942
942 + 10 = 952
952 + 3 = 955

670 + 329 = 999
670 + 300 = 970
970 + 20 = 990
990 + 9 = 999

368 + 453 = 821
368 + 400 = 768
768 + 50 = 818
818 + 3 = 821

519 + 168 = 687
519 + 100 = 619
619 + 60 = 679
679 + 8 = 687

Seite 15 2

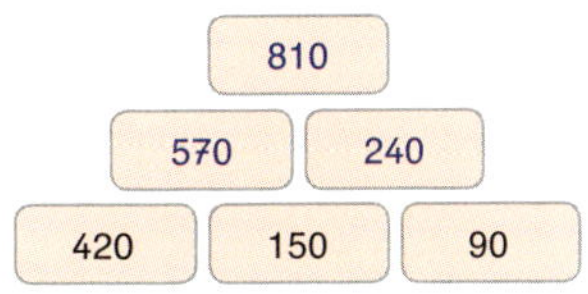

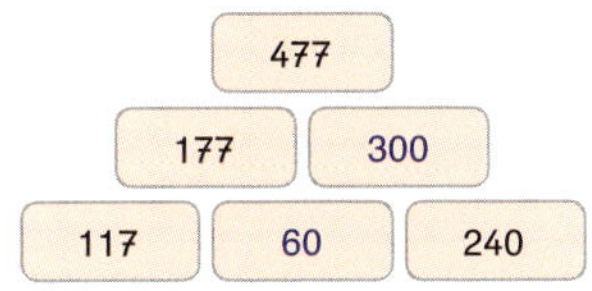

Seite 15 3

70 + 600 = 670
320 + 430 = 750
800 + 160 = 960
220 + 90 = 310

74 + 607 = 681
315 + 430 = 745
795 + 156 = 951
224 + 89 = 313

Seite 15 4

305 + 299 = 604
305 + 200 = 505
505 + 90 = 595
595 + 9 = 604

604 + 357 = 961
604 + 300 = 904
904 + 50 = 954
954 + 7 = 961

Antwort: An den 3 Tagen kamen 961 Besucher.

Seite 16 1

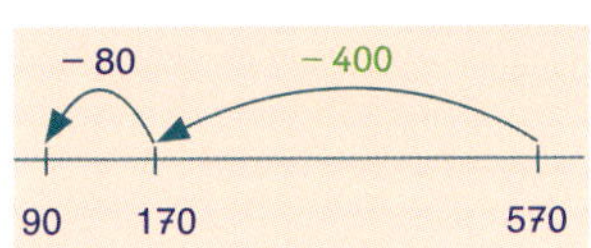

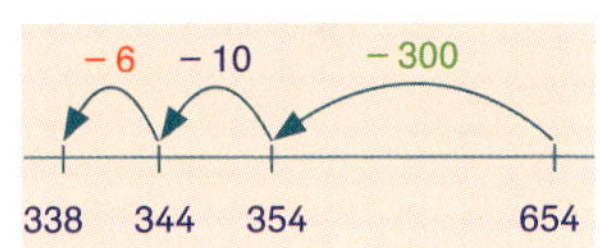

Seite 17 2

–	95	117	238	547
685	590	568	447	138
731	636	614	493	184
886	791	769	648	339
951	856	834	713	404

Seite 17 3

238 + 238 = 476
416 + 416 = 832

476 – 416 = 60
476 – 400 = 76
76 – 10 = 66
66 – 6 = 60

875 – 489 = 386
875 – 400 = 475
475 – 80 = 395
395 – 9 = 386

Lösungen

312 + 409 = 721

721 – 399 = 322
721 – 300 = 421
421 – 90 = 331
331 – 9 = 322

Seite 17 4

Die Hälfte von 988 sind 494 Kinder.

494 – 208 = 286
494 – 200 = 294
294 – 8 = 286

Antwort: 286 Frauen waren im Zirkus.

Seite 18 1

623	436	745
+ 131	+ 262	+ 154
754	698	899

309	872	556
+ 70	+ 107	+ 322
379	979	878

25	964	654
31	22	111
+ 912	+ 13	+ 224
968	999	989

Seite 19 2

123	604	645
+ 211	+ 101	12
		+ 142
334	705	799

Seite 19 3

451	334
201	113
+ 317	+ 442
⑧⑨⑧ f	⑦8⑦ f
E	S

Lösungswort: WAL

Seite 19 4

405
61
+ 122
588

820 – 588 = 232
820 – 500 = 320
320 – 80 = 240
240 – 8 = 232

Antwort: Es fehlen ihr noch 232 Sticker.

Seite 20 1

258	563	707	416	349
+ 333	+ 266	+ 195	+ 334	+ 482
1	1	11	1	11
591	829	902	750	831

809	592	645	461	436
+ 99	+ 249	+ 274	+ 539	+ 266
11	11	1	111	11
908	841	919	1 000	702

Seite 21 2

207	76	135
+ 148	+ 59	+ 66
1	11	11
355	135	201

355	135	201
+ 99	+ 308	+ 243
11	1	
454	443	444

454	443	444
+ 224	+ 155	+ 319
		1
678	598	763

678	598	763
+ 176	+ 331	+ 117
11	1	1
854	929	880

Seite 22 3

436	480	572
+ 527	+ 474	+ 246
1	1	1
963	954	818

6	391	296
197	94	25
+ 715	+ 293	+ 308
11	2	11
918	778	629

629 < 778 < 818 < 918 < 954 < 963

Seite 22 4

1 9 3	4 9 5	4 3 7	7 6 7	3 0 8
+ 5 0 8	+ 3 0	+ 2 4 2	+ 1 2 3	+ 4 4 6
1 1	1			1
7 0 1	5 2 5	6 7 9	8 9 0	7 5 4

Seite 22 5

Es gibt mehrere Möglichkeiten, z. B.:

Ergebnis größer 900:	615 + 324 = 939
Ergebnis gleich 786:	152 + 634 = 786
Ergebnis kleiner 500:	135 + 246 = 381

Seite 23 6

613	495	456	532	899
+ 298	+ 416	+ 455	+ 379	+ 12
1 1	1 1	1	1 1	1 1
911	911	911	911	911

Seite 23 7

Pestalozzischule: Überschlag 500, genaue Anzahl: 522.
Waldschule: Überschlag 400, genaue Anzahl: 433.
Stadtschule: Überschlag 500, genaue Anzahl: 565.

269	198	276
215	211	247
+ 38	+ 24	+ 42
1 2	1 1	1 1
522	433	565

Antwort: Die Stadtschule hat die meisten Schüler und Lehrer.

Seite 24 1

862	504	793	999	653
− 511	− 204	− 482	− 728	− 531
351	300	311	271	122

428	616	374	846	967
− 207	− 513	− 341	− 643	− 934
221	103	33	203	33

Seite 25 2

832	578	986
− 621	− 17	− 43
211	561	943

Seite 25 3

631	729	482	558	826
− 411	− 511	− 380	− 546	− 714
2④①	2③8	⑦02	⑤12	1③2

631	729	482	558	826
− 411	− 511	− 380	− 546	− 714
220	218	102	12	112

Seite 25 4

Schnulli:

334	668
+ 334	− 124
668	544

Lösung: Die Zahl heißt 544.

Sepp: Die Hälfte von 882 ist 441.
Die größte Zahl aus 2, 4, 6 ist 642.

___	642
+ 441	− 441
642	201

Lösung: Die Zahl heißt 201.

Seite 26 1

747	538	977	306	681
− 528	− 457	− 89	− 140	− 392
1	1	1 1	1	1 1
219	81	888	166	289

Seite 27 2

999	999	999
− 175	− 206	− 79
824	793	920

824	793	920
− 296	− 84	− 159
1 1	1	1 1
528	709	761

528	709	761
− 68	− 498	− 256
1	1	1
460	211	505

460	211	505
− 384	− 99	− 378
1 1	1 1	1 1
76	112	127

Seite 28 3

749
371 378
174 197 181

852
433 419
280 153 266

Seite 28 4

715	624	802	549	563
− 436	− 318	− 118	− 120	− 265
1 1	1	1 1		1 1
279	306	684	429	298

Lösungen

955	519	799	323	871
– 248	– 148	– 243	– 79	– 754
1	1		1 1	1
671	371	556	244	117

Seite 28 5

Größtmögliche Zahl: 751

Kleinstmögliche Zahl: 157

751
– 157
1 1
594

Seite 29 6

987	876	765	654	543
– 198	– 198	– 198	– 198	– 198
1 1	1 1	1 1	1 1	1 1
789	678	567	456	345

Die Hunderter-, Zehner- und Einerstellen werden immer um 1 kleiner. Die Zahl, von der subtrahiert wird, und das Ergebnis bestehen aus gleichen Ziffern, nur ihre Reihenfolge ist umgekehrt.

Seite 29 7

Betti:	Bill:	Saggo:
407	309	553
– 98	+ 244	– 179
1 1	1	1 1
309	553	374

Antwort: Saggo ist mit 553 Seiten am weitesten. Bill hat noch am meisten zu lesen.

Seite 30 1

10	20	30	40	50	60	70	80	90	100
20	40	60	80	100	120	140	160	180	200
100	200	300	400	500	600	700	800		
200	400	600	800	1 000	1 200				

Seite 31 2

2 · 3 = 6
2 · 30 = 60
2 · 300 = 600

8 · 1 = 8
8 · 10 = 80
8 · 100 = 800

3 · 3 = 9
3 · 30 = 90
3 · 300 = 900

Seite 31 3

7 · 5 = 35
5 · 7 = 35

50 · 7 = 350
7 · 50 = 350

70 · 5 = 350
5 · 70 = 350

9 · 6 = 54
6 · 9 = 54

90 · 6 = 540
6 · 90 = 540

60 · 9 = 540
9 · 60 = 540

Seite 31 4

·	6	20	10	9	3	7
3	18	60	30	27	9	21
30	180	600	300	270	90	210
4	24	80	40	36	12	28
40	240	800	400	360	120	280

Seite 31 5

4 · 30 = 120
2 · 60 = 120
120 · 2 = 240 oder 120 + 120 = 240

Antwort: In Pollis Regale passen jetzt 240 Törtchen.

Seite 32 1

10 : 5 = 2
100 : 5 = 20
1 000 : 5 = 200

8 : 2 = 4
80 : 20 = 4
800 : 200 = 4

600 : 2 = 300
60 : 2 = 30
6 : 2 = 3

Seite 32 2

:	60	6
420	7	70
120	2	20
600	10	100
300	5	50

:	9	90
900	100	10
450	50	5
540	60	6
360	40	4

Seite 33 3

500 : 10 = 50
360 : 6 = 60
270 : 90 = 3
160 : 80 = 2

150 : 5 = 30
490 : 70 = 7
210 : 30 = 7
200 : 50 = 4

Lösung: SCHNULLI

Seite 33 4

300 —:5→ 60 —·2→ 120 —:30→ 4 —·90→ 360

720 —:80→ 9 —:3→ 3 —·60→ 180 —:20→ 9

Seite 33 5

320 : 40 = 8
32 : 4 = 8

Antwort: Polli kann für 8 Sorgenfresser Ketten basteln.

Seite 34 1

8 · 23 = 184
8 · 20 = 160
8 · 3 = 24

6 · 55 = 330
6 · 50 = 300
6 · 5 = 30

5 · 92 = 460
5 · 90 = 450
5 · 2 = 10

9 · 44 = 396
9 · 40 = 360
9 · 4 = 36

7 · 35 = 245
7 · 30 = 210
7 · 5 = 35

8 · 67 = 536
8 · 60 = 480
8 · 7 = 56

Seite 34 2

5 · 139 = 695

·	100	30	9
5	500	150	45
			695

3 · 258 = 774

·	200	50	8
3	600	150	24
			774

Seite 35 3

4 · 28 = 112 ✓
7 · 73 = 521 f r: 511
8 · 39 = 302 f r: 312
6 · 46 = 276 ✓

4 · 28 = 112
4 · 20 = 80
4 · 8 = 32

7 · 73 = 511
7 · 70 = 490
7 · 3 = 21

8 · 39 = 312
8 · 30 = 240
8 · 9 = 72

6 · 46 = 276
6 · 40 = 240
6 · 6 = 36

Seite 35 4

6 · 24 = 144
6 · 20 = 120
6 · 4 = 24

8 · 32 = 256
8 · 30 = 240
8 · 2 = 16

144 + 256 = 400

Antwort: Sie packen 400 Dosen aus.

Seite 35 5

7 · 23 = 161
7 · 20 = 140
7 · 3 = 21

37 · 4 = 148
30 · 4 = 120
7 · 4 = 28

161 – 37 = 124

124 · 3 = 372
100 · 3 = 300
20 · 3 = 60
4 · 3 = 12

372
+ 148
1 1
520

Antwort: Insgesamt werden 520 Stühle aufgestellt.

Seite 36 1

75 : 5 = 15
50 : 5 = 10
25 : 5 = 5
P: 15 · 5 = 75

77 : 3 = 25 R2
60 : 3 = 20
17 : 3 = 5 R2
P: 25 · 3 = 75
75 + 2 = 77

175 : 7 = 25
140 : 7 = 20
35 : 7 = 5
P: 25 · 7 = 175

Seite 37 2

81 : 3 = 27, 399 : 7 = 57, 96 : 8 = 12,
114 : 6 = 19, 216 : 4 = 54, 729 : 9 = 81

Seite 37 3

162, 378, 540, 468, 576

Seite 37 4

288 : 3 = 96
270 : 3 = 90
18 : 3 = 6

288 : 4 = 72
280 : 4 = 70
8 : 4 = 2

288 : 6 = 48
240 : 6 = 40
48 : 6 = 8

288 : 7 = 41 R1
280 : 7 = 40
8 : 7 = 1 R1

288 : 8 = 36
240 : 8 = 30
48 : 8 = 6

288 : 9 = 32
270 : 9 = 30
18 : 9 = 2

Antwort: Ed und Saggo können 3 Stapel mit 96 Karten, 4 Stapel mit 72 Karten, 6 Stapel mit 48 Karten, 8 Stapel mit 36 Karten, 9 Stapel mit 32 Karten legen.

Seite 38 5

73 : 5 = 14 R3
50 : 5 = 10
23 : 5 = 4 R3

P: 14 · 5 = 70
70 + 3 = 73

71 : 4 = 17 R3
40 : 4 = 10
31 : 4 = 7 R3

P: 17 · 4 = 68
68 + 3 = 71

68 : 3 = 22 R2
60 : 3 = 20
8 : 3 = 2 R2
P: 22 · 3 = 66
66 + 2 = 68

125 : 7 = 17 R6
70 : 7 = 10
55 : 7 = 7 R6
P: 17 · 7 = 119
119 + 6 = 125

111 : 8 = 13 R7
80 : 8 = 10
31 : 8 = 3 R7
P: 13 · 8 = 104
104 + 7 = 111

340 : 9 = 37 R7
270 : 9 = 30
70 : 9 = 7 R7
P: 37 · 9 = 333
333 + 7 = 340

Lösungen

Seite 38 6

R1, R2, R3, R4, R5, R6
Der Rest muss kleiner sein als die Zahl, durch die geteilt wird.

Seite 38 7

200 : 6 = 33 Rest 4	33 Rest 2	179 : 7 = 25 Rest 4	✓
422 : 5 = 82 Rest 2	84 Rest 2	694 : 9 = 77 Rest 7	77 Rest 1

200 : 6 = 33 R2
180 : 6 = 30
20 : 6 = 3 R2

179 : 7 = 25 R4
140 : 7 = 20
39 : 7 = 5 R4

422 : 5 = 84 R2
400 : 5 = 80
22 : 5 = 4 R2

694 : 9 = 77 R1
630 : 9 = 70
64 : 9 = 7 R1

Seite 39 8

112 : 6 = 18 R4
60 : 6 = 10
52 : 6 = 8 R4

Antwort: Es werden 19 Kabinen benötigt.

Seite 39 9

22, 28, 34, 40, 46, 52, 58, 64, 70, 76

Seite 39 Extrarunde

S = 12 + 84 = 96
O = 96 + 217 = 313
R = 84 : 7 = 12
G = 313 – 96 + 84 = 301
E = 4 · 21 = 84
N = 1 000 – 96 – 313 – 12 – 301 – 84 = 194

Seite 40 1

Schritt 2: An einem Schwimmfest nehmen 325 Teilnehmer teil. Davon sind 257 Teilnehmer über 14 Jahre alt. 27 Teilnehmer sind unter 10 Jahre alt. Wie viele Teilnehmer sind zwischen 10 und 14 Jahre alt?

Schritt 3: Wie viele Teilnehmer sind zwischen 10 und 14 Jahre alt?

Schritt 4:

325 Teilnehmer		
27	?	257
unter 10	10 bis 14	über 14

Schritt 5 und 7:

```
  257        325
+  27      – 284
   1          1
  284         41
```

Schritt 6:
Ü 260 + 30 = 290
330 – 290 = 40

Schritt 8:
40 ⟷ 41

Schritt 9:

```
   27  (unter 10)
+ 257  (über 14)
+  41  (10 bis 14)
  1 1
  325       (alle)
```

Schritt 10: 41 Teilnehmer sind zwischen 10 und 14 Jahre alt.

Seite 41 2

Schritt 2:
Ed bekommt seit vier Jahren zum Geburtstag kleine Rennautos. An jedem Geburtstagsabend zählt er seine alten und neuen Autos. Er stellt fest, dass er jedes Jahr doppelt so viele Autos hat wie im Jahr zuvor. Jetzt, nach vier Jahren, hat er 96 Rennautos. Wie viele Rennautos hatte er nach einem Jahr?

Schritt 4:
1. Jahr: x
2. Jahr: xx
3. Jahr: xxxx
4. Jahr: xxxxxxxx = 96 Autos

Schritt 5: (möglicher Lösungsweg)
96 : 2 = 48
80 : 2 = 40
16 : 2 = 8 ⟶ 3. Jahr

48 : 2 = 24 ⟶ 2. Jahr
24 : 2 = 12 ⟶ 1. Jahr

Schritt 10:
Nach einem Jahr hatte er 12 Rennautos.

Seite 42 Bist du fit?

800 : 40 = 20, 138 + 276 = 414,
72 · 7 = 504, 829 – 387 = 442

Seite 43 Bist du fit?

Ein Automechaniker richtet seine Werkzeugkiste mit 90 neuen Schrauben. Die Schrauben sind in 10 Schachteln mit je 9 Schrauben verpackt. Während seiner Arbeit macht er eine kurze Pause. Es liegen 12 Schrauben neben der Kiste, 15 Schrauben rechts davon und 27 Schrauben hat er schon montiert.
Wie viele Schrauben sind noch in der Werkzeugkiste?

Raum und Form

Seite 44 1

Quadrate: Vierecke:

Rechtecke: Dreiecke:

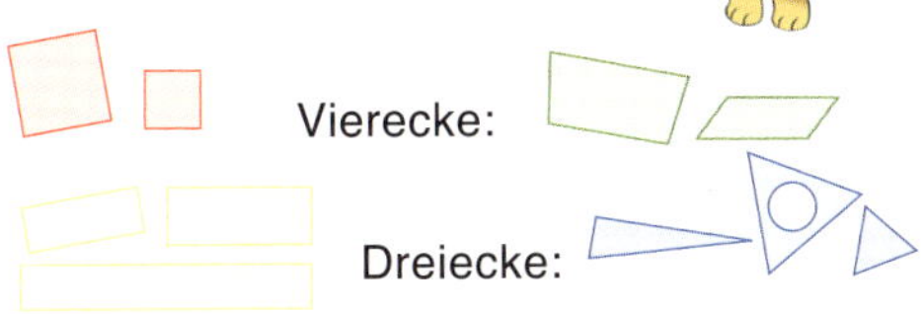

Seite 45 2

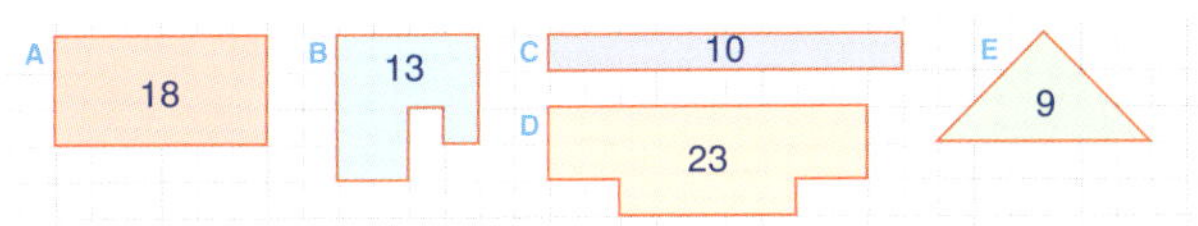

E < C < B < A < D

Seite 45 3

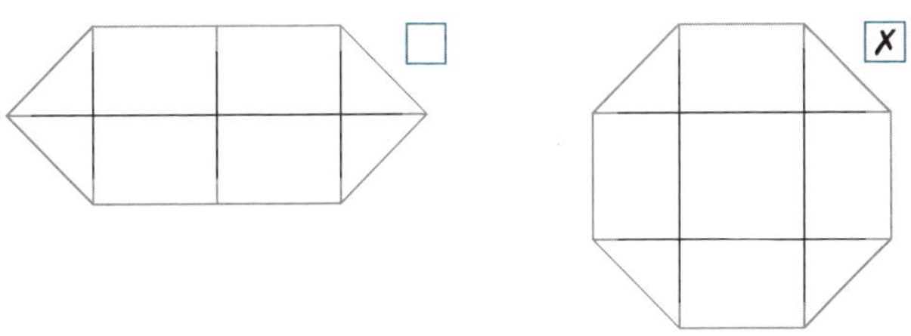

Seite 45 4

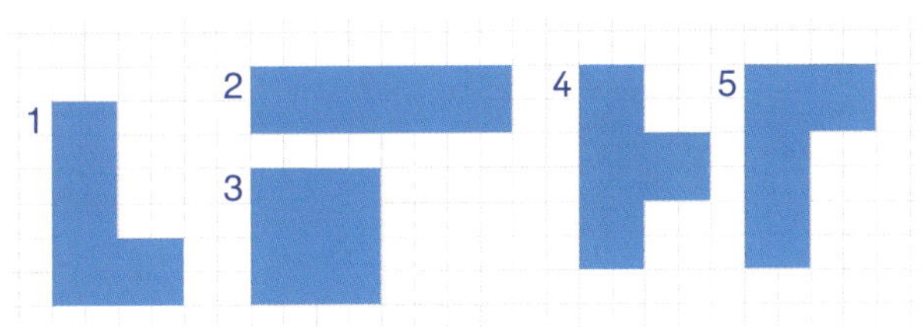

Seite 46 1

Würfel:	Spielwürfel
Quader:	Schokoladentafel, Butterpackung
Kegel:	Eiswaffel, Zauberhut
Zylinder:	Trinkglas, Konservendose
Pyramide:	Pyramide
Kugel:	Fußball, Murmeln, Orange, Tomate

Seite 47 2

Welche Flächen bilden den Körper? Male sie farbig an.

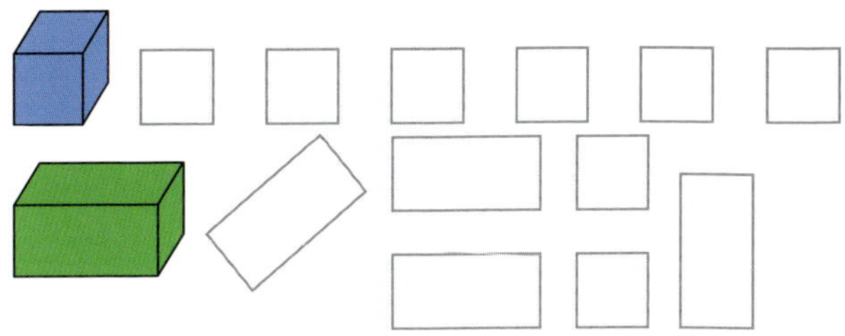

Seite 47 3

Alle Körper haben Ecken, Kanten und Flächen. f
Es gibt Körper ohne Ecken. ✓
Würfel und Quader haben die gleiche Anzahl Ecken, Kanten und Flächen. ✓
Eine Kugel hat eine Ecke, aber keine Kante. f
Alle Körper haben mehr als drei Flächen. f
Ein Zylinder hat Kanten, aber keine Ecken. ✓

Seite 48 1

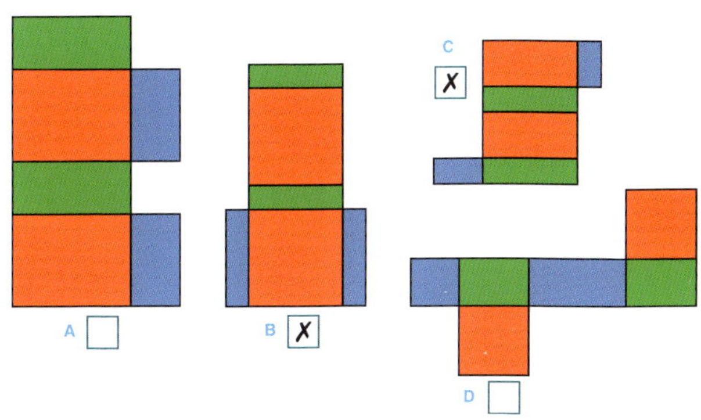

Seite 49 2

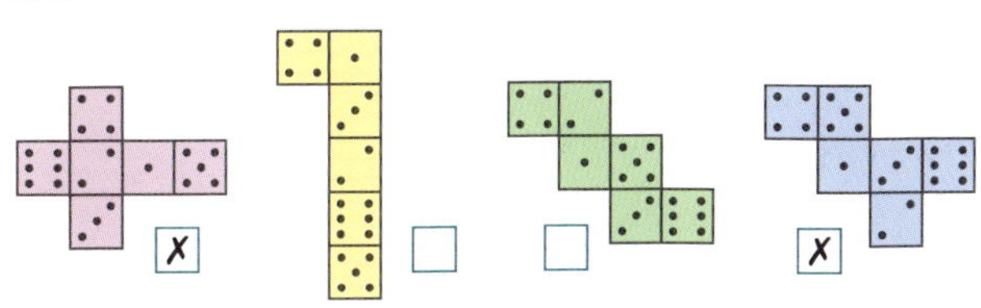

Seite 49 3

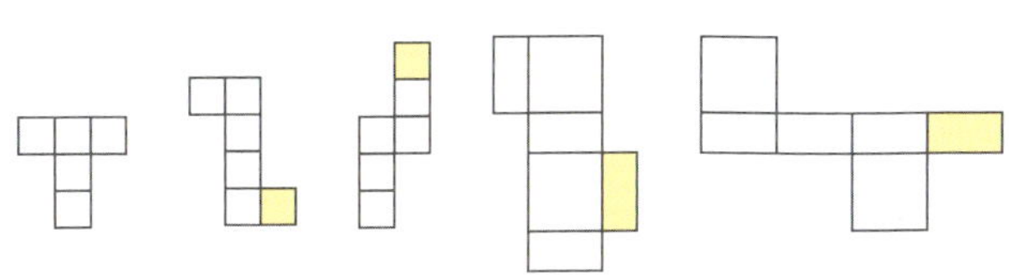

Seite 49 Extrarunde

Lösungen

Seite 50 1

1 Wasserturm C4, 2 Leuchtturm E4, 3 Park C3,
4 Schlosspark E3/F3, 5 Schloss F3,
6 Marktplatz E4, 7 Brücke D3, 8 Bahnhof C4,
Rathaus E4, Theater F3

Seite 51 2

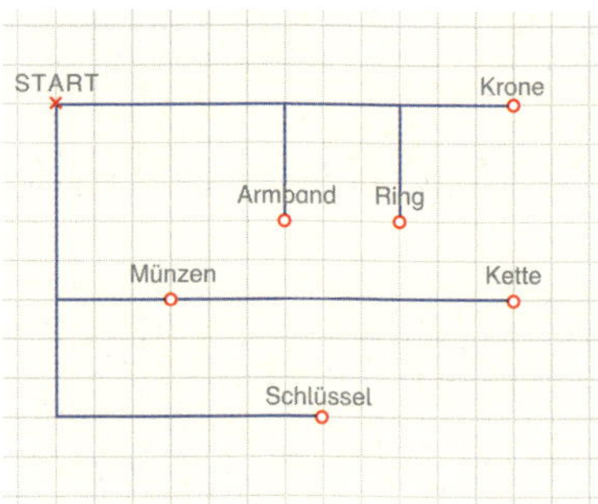

Münzen	5 ↓ 3 →
Armband	6 → 3 ↓
Ring	9 → 3 ↓
Krone	12 →
Kette	5 ↓ 12 →
Schlüssel	8 ↓ 7 →

Seite 51 3

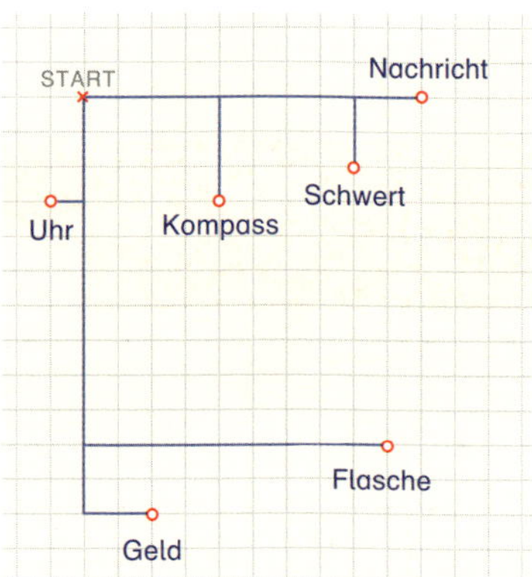

Schwert	8 → 2 ↓
Kompass	4 → 3 ↓
Nachricht	10 →
Uhr	3 ↓ 1 ←
Flasche	10 ↓ 9 →
Geld	12 ↓ 2 →

Seite 52 1

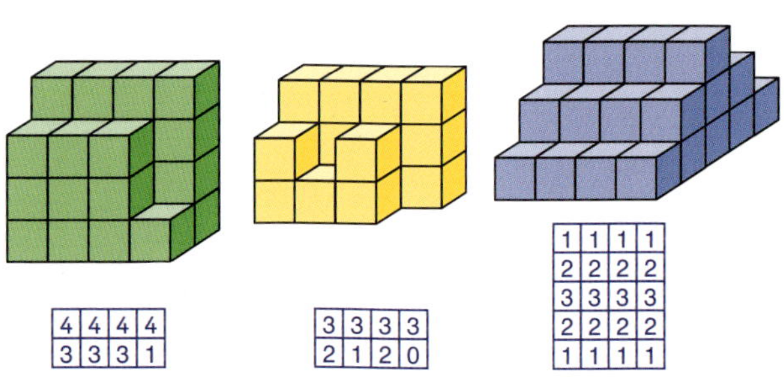

4	4	4	4
3	3	3	1

3	3	3	3
2	1	2	0

1	1	1	1
2	2	2	2
3	3	3	3
2	2	2	2
1	1	1	1

Seite 53 2

0	0	3
2	1	1

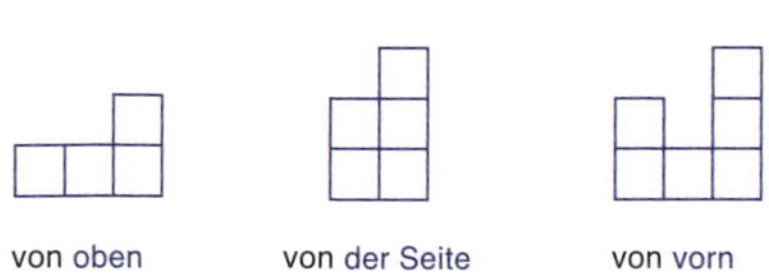

4	3	2	1
3	2	1	0

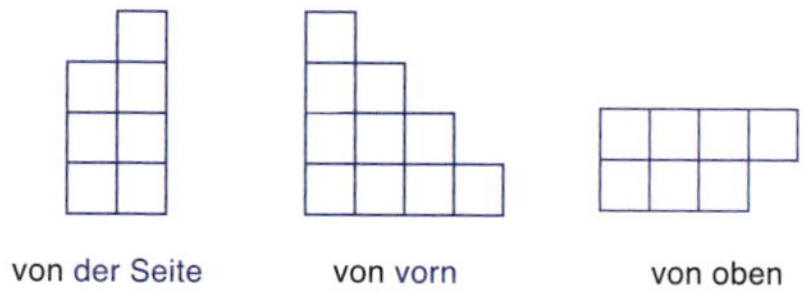

Seite 53 Extrarunde

Der Bau besteht aus 18 Würfeln.
Jeder Würfel hat 6 Seiten.
$18 \cdot 6 =$ 108 Flächen

58 Flächen zeigen nach außen.
$108 - 58 = 50$

50 Flächen kleben zusammen.

Der Kleber wurde nur auf einer Seite aufgetragen:
$50 : 2 = 25$

Antwort: Es mussten 25 Seitenflächen mit Kleber bestrichen werden.

Seite 54 1

Seite 55 2

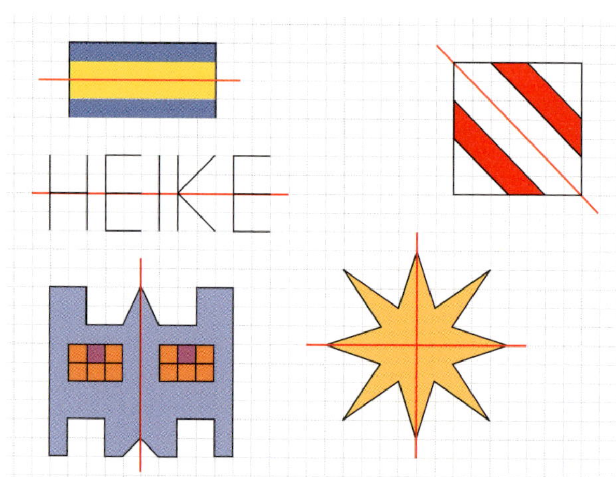

Seite 55 Extrarunde

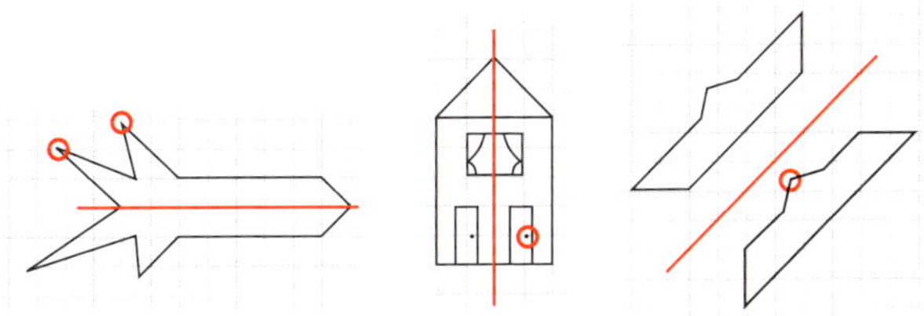

Seite 56 Bist du fit?

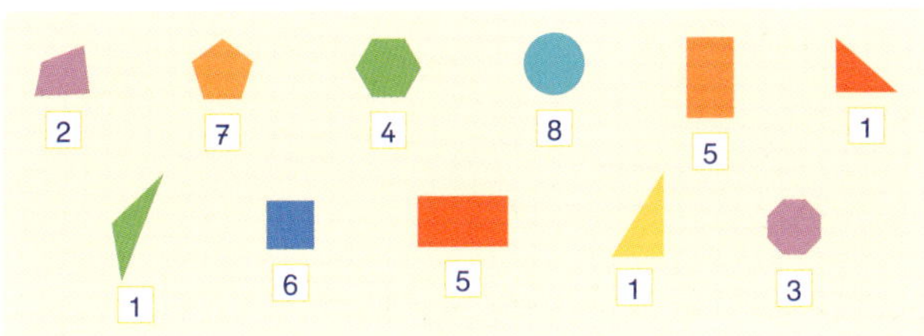

Seite 57 Bist du fit?

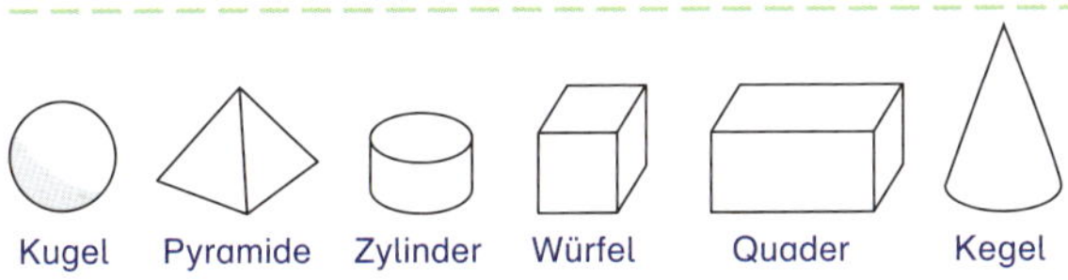

Muster und Strukturen

Seite 58 1

Seite 59 2

Seite 60 1

Seite 61 2

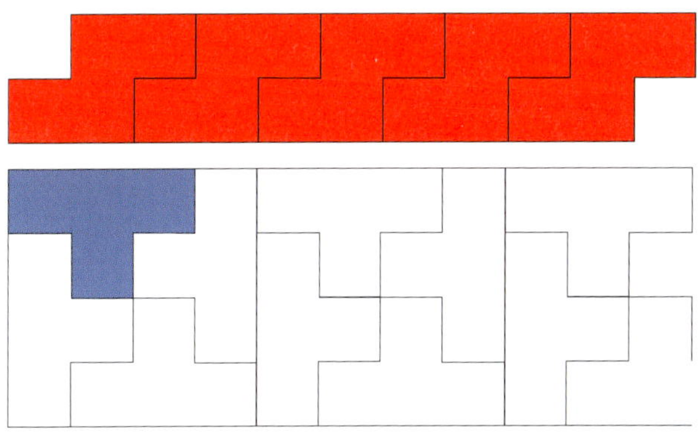

Seite 61 3

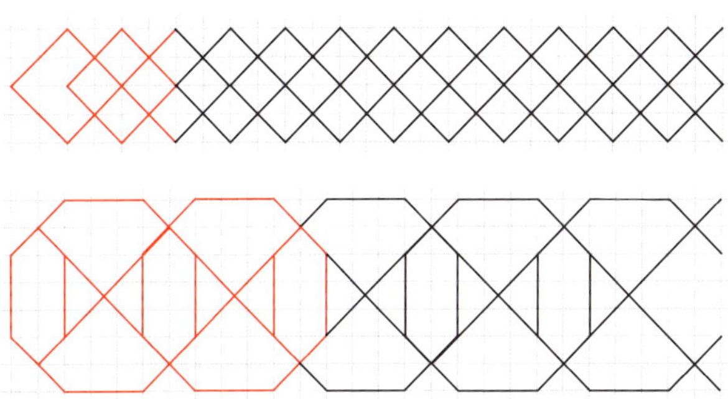

Lösungen

Seite 62 1

21, 28, 35, 42, 49, 56, 63, 70, 77, 84	Regel: + 7
3, 6, 12, 24, 49, 96, 192, 384, 768	Regel: · 2
2, 7, 5, 10, 8, 13, 11, 16, 14, 19, 17	Regel: + 5 – 2
1 152, 576, 288, 144, 72, 36, 18, 9	Regel: : 2
1, 6, 2, 12, 4, 24, 8, 48, 16, 96, 32	Regel: · 6 : 3
80, 60, 72, 54, 64, 48, 56, 42, 48, 36	Regel: 8er-Reihe,6er-Reihe abwärts
864, 848, 832, 816, 800, 784, 768, 752	Regel: – 16
176, 264, 352, 440, 528, 616, 704, 792	Regel: + 88
50, 25, 60, 35, 70, 45, 80, 55, 90	Regel: – 25 + 35

Seite 63 2

Regel: Immer 50 mehr	60, 110, 160, 210 , 260, 310
Regel: + 15 – 8	27, 42, 34, 49 , 41, 56
Regel: Immer die Hälfte	384, 192, 96, 48, 24, 12
Regel: · 1 + 21	210, 210, 231, 231, 252, 252
Regel: Viererreihe abwärts, Fünferreihe aufwärts	40, 5, 36, 10, 32, 15, 28, 20, 24, 25

Seite 63 4

202 + 213 = 415	415 + 409 = 824
500 – 57 = 443	443 – 146 = 297
90 · 3 = 270	270 + 30 = 300
300 · 3 = 900	900 + 30 = 930
350 : 5 = 70	70 · 2 = 140
140 : 5 = 28	28 · 2 = 56

Seite 64 5

21 + 34	110 + 13	490 – 165	80 – 6
32 + 35	220 + 25	488 – 161	72 – 12
43 + 36	330 + 37	486 – 157	64 – 18
+11 / +1	+110 / +12	–2 / –4	–8 / +6
54 + 37	440 + 49	484 – 153	56 –24
65 + 38	550 + 61	482 – 149	48 – 30
76 + 39	660 + 73	480 – 145	40 – 36

Seite 64 6

Magische Zahl: 50
Zahlen: ~~8~~, ~~11~~, ~~13~~, ~~17~~, ~~20~~, ~~22~~

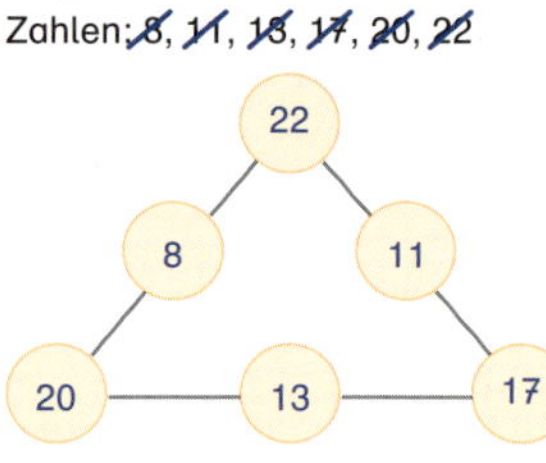

Magische Zahl: 100
Zahlen: ~~11~~, ~~14~~, ~~24~~, ~~27~~, ~~49~~, ~~62~~

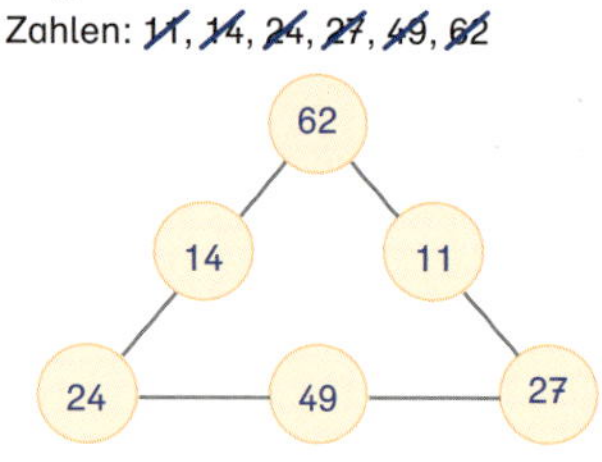

Seite 65 7

Zauberzahl: 39

14	16	9
8	13	18
17	10	12

Zauberzahl: 51

13	18	20
24	17	10
14	16	21

Zauberzahl: 900

400	220	280
180	300	420
320	380	200

Zauberzahl: 34

16	5	9	4
3	10	6	15
2	11	7	14
13	8	12	1

Zauberzahl: 45

10	16	8	11
14	7	11	13
6	8	19	12
15	14	7	9

Zauberzahl: 705

232	237	236
239	235	231
234	233	238

Seite 65 Extrarunde

Die Reihen 1, 2 und 4 haben die gleiche Folge in den Mustern.

Seite 66 1

Brezeln	1	3	5	8	10
Preis	32 ct	96 ct	1,60 €	2,56 €	3,20 €

Seite 67 2

Anzahl der Brötchen	3	6	1	5
Preis	1,50 €	3,00 €	0,50 €	2,50 €

Brot in kg	500 g	1 kg	2 kg	2 500 g
Preis	1,50 €	3,00 €	6,00 €	7,50 €

Seite 67 3

1 Gorilla	1 Tag	3 Tage	1 Woche	2 Wochen	1 Monat (=4 Wochen)
Obst in kg	5	15	35	70	140
Gemüse in kg	3	9	21	42	84

4 Gorillas	1 Tag	3 Tage	1 Woche	2 Wochen	1 Monat (=4 Wochen)
Obst in kg	20	60	140	280	560
Gemüse in kg	12	36	84	168	336

Futtermenge Obst	40 kg	120 kg	200 kg	420 kg
Tage	2	6	10	21

Antwort: 40 kg Futter reichen für 2 Tage, 120 kg für 6 Tage, 200 kg für 10 Tage und 420 kg für 21 Tage

Seite 68 4

Angebot 2: 1 Los = 40 ct Angebot 3: 1 Los = 42 ct

Begründung: Das Angebot 2 ist am günstigsten, weil ein Los 40 ct kostet.

Seite 68 5

Matten	5	7	9	12	20	25	30
Preis	140 €	196 €	252 €	336 €	560 €	700 €	840 €

25	24	23
700 €	672 €	644 €

Antwort: Der Verein kann höchstens 23 Turnmatten für 644 € kaufen.

Seite 69 6

Zeit	10 s	30 s	50 s	1 min	80 s	90 s	100 s
Tropfen	3	9	15	18	24	27	30

Antwort: Rumpel hat den Wasserhahn 100 s (1 min, 40 s) beobachtet.

1 min	10 min	30 min	60 min
18 💧	180 💧	540 💧	1 080 💧

Antwort: Nach einer Stunde wären es 1 080 Tropfen.

Seite 69 Extrarunde

Anzahl	2	5	8	10	12
Preis	~~5,20 €~~	26,00 €	~~20,60 €~~	52,00 €	~~32,20 €~~
	10,40 €		41,60 €		62,40 €

Seite 70 Bist du fit?

32, 80, 128, 176	Regel: +48	256, 64, 16, 4	Regel: : 4
3, 15, 75, 375	Regel: · 5	350, 325, 300	Regel: −25
68, 74, 80, 86	Regel: +6	100, 60, 260, 220, 420	Regel: −40 + 200
148, 74, 80, 40, 46	Regel: : 2 + 6	2, 10, 20, 28, 56	Regel: +8 · 2

Seite 71 Bist du fit?

Zauberzahl: 15

2	9	4
7	5	3
6	1	8

Zauberzahl: 1 000

400	140	120	340
180	280	300	240
260	200	220	320
160	380	360	100

Zauberzahl: 100

16	26	18	40
38	20	28	14
36	22	30	12
10	32	24	34

Zauberzahl: 674

123	218	322	11
12	321	217	124
213	120	16	325
326	15	119	214

Größen und Messen

Seite 72 1

414 €, 907 €

Seite 73 2

100 €	10 €	1 €	10 ct	1 ct	
	2	3	4	1	23,41 €
1	1	0	5	3	110,53 €
	5	4	7	2	54,72 €
	8	7	6	5	87,65 €
3	2	0	9	4	320,94 €

23,41 € < 54,72 € < 87,65 € < 110,53 € < 320,94 €

Seite 73 3

386 ct	612 ct	498 ct	207 ct	930 ct	500 ct	377 ct
3 € 86 ct	6 € 12 ct	4 € 98 ct	2 € 7 ct	9 € 30 ct	5 € 0 ct	3 € 77 ct
3,86 €	6,12 €	4,98 €	2,07 €	9,30 €	5,00 €	3,77 €

9,30 € > 6,12 € > 5,00 € > 4,98 € > 3,86 € > 3,77 € > 2,07 €

Seite 73 4

4,20 €	>	4,02 €	287 ct	=	2 € 87 ct	220 ct	<	22,00 €
42,00 €	<	402,00 €	7 ct	<	0,70 €	303 ct	=	3,03 €
285,00 €	>	28,50 €	10 € 3 ct	>	130 ct	1 000 ct	<	1 000 €

Lösungen

Seite 74 1

Ü: 540 € + 7 € = 547 €

538,75 € + 658 ct =

```
  538,75 €
+   6,58 €
    1 1 1
----------
  545,33 €
```

Ü: 960 € – 30 € = 930 €

963,04 € – 27 € 63 ct =

```
  963,04 €
+  27,63 €
    1 1
----------
  935,41 €
```

Seite 75 2

Ü: 8 · 20 € = 160 €

8 · 23,48 € =

8 · 23,48 € = 187,84 €
8 · 20,00 € = 160,00 €
8 · 3,00 € = 24,00 €
8 · 0,40 € = 3,20 €
8 · 0,08 € = 0,64 €

82 € 74 ct · 3 =

82,74 € · 3 = 248,22 €
80,00 € · 3 = 240,00 €
2,00 € · 3 = 6,00 €
0,70 € · 3 = 2,10 €
0,04 € · 3 = 0,12 €

Seite 75 3

Geschäft	1 Ball	2 Bälle	3 Bälle	5 Bälle	8 Bälle	9 Bälle
Sportgeschäft „Fit"	0,63 €	1,26€	1,89 €	3,15 €	5,04 €	5,67 €
Sportgeschäft „Sprint"	0,51 €	1,02 €	1,53 €	2,55 €	4,08 €	4,59 €

Antwort: Im Sportgeschäft „Sprint" sind die Bälle billiger.

Seite 75 Extrarunde

100 Vögel kosten 600 €, davon 14 Wellensittiche 112 €, 18 Sittiche 216 €, 68 Kanarienvögel 272 €.

Seite 76 1

Fußballfeld: 100 m, Spielkarte: 9 cm, Bleistift: 16 cm, Biene: 15 mm, Auto: 4 m

Seite 77 2

Name	1 km	100 m	10 m	m	Länge in m
Frula		2	3	5	235
Biff	3	3	0	6	3306
Betti	1	5	0	0	1500
Enno		9	8	0	980
Polli		7	4	4	744
Gump		5	9	8	598

Den längsten Weg zum Spielplatz hat Biff.
Den kürzesten Weg zum Spielplatz hat Frula.

Seite 77 3

Name	1 m	10 cm	1 cm
Simone	1	0	2
Stefan	1	0	9
Karl		9	8
Leonie		9	9
Kati	1	1	1
Lars	1	2	0

Hochsprung-Wettbewerb
1. Lars
2. Kati
3. Stefan
4. Simone
5. Leonie
6. Karl

Seite 78 4

4 m 26 cm	8 m 83 cm	1 m 8 cm	9 m 30 cm	7 m 1 cm	5 m 66 cm	0 m 64 cm
4,26 m	8,83 m	1,08 m	9,30 m	7,01 m	5,66 m	0,64 m
426 cm	883 cm	108 cm	930 cm	701 cm	566 cm	64 cm

9,30 m > 8,83 m > 7,01 m > 5,66 m > 4,26 m > 1,08 m > 0,64 m

Seite 78 5

Radiergummi: 4 cm, Nagel: 2 cm,
Büroklammer: 2,5 cm, Tintenpatrone: 4,1 cm
Streichholz: 4,7 cm, Spitzer: 2,8 cm

Seite 78 6

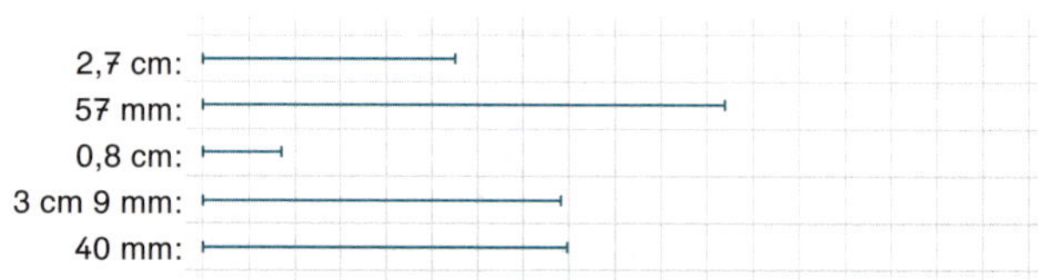

Seite 79 1

Ü: 370 m + 5 m = 375 m
373 m + 4 m 89 cm =

```
  373,00 m
+   4,89 m
----------
  377,89 m
```

Ü: 85 m – 50 m = 35 m
85,22 m – 54 m 8 cm =

```
   85,22 m
 – 54,08 m
       1
----------
   31,14 m
```

Ü: 200 m · 5 = 1 000 m

195,3 m · 5 = 976,5 m
100,0 m · 5 = 500,0 m
90,0 m · 5 = 450,0 m
5,0 m · 5 = 25,0 m
0,3 m · 5 = 1,5 m

Ü: 6 · 40 cm = 240 cm

6 · 36 cm 7 mm = 220,2 cm
6 · 30,0 cm = 180,0 cm
6 · 6,0 cm = 36,0 cm
6 · 0,7 cm = 4,2 cm

Seite 80 2

8,10 m : 9 = 0,9 m
2,5 cm : 5 = 0,5 m
5,60 m : 8 = 0,7 m
3,50 m : 7 = 0,5 m
4,20 m : 6 = 0,7 m

0,66 m : 6 = 0,11 m
0,49 m : 7 = 0,07 m
0,60 m : 5 = 0,12 m
7,20 m : 9 = 0,8 m
0,16 m : 4 = 0,04 m

Seite 80 3

1 m	
56,9 cm	43,1 cm
66,7 cm	33,3 cm
80,5 cm	19,5 cm
91,01 cm	8,99 cm
0,5 cm	99,5 cm
$\frac{1}{2}$ m/50 cm	$\frac{1}{2}$ m

1 km	
874,9 m	125,1 m
444,5 m	555,5 m
0,5 km	0,5 km/500 m
920,4 m	79,6 m
300 cm	997 m
	1 000 m

Seite 80 4

4 m 40 cm	<	44 m	878 mm	<	90 cm	6,70 m	=	670 cm
3,75 m	>	375 mm	90 mm	=	9 cm	1 km	>	100 m
1,3 km	>	130 m	20 m	<	20 km	842 m	<	8,42 m
381 cm	=	3,81 m	59 mm	<	5,9 km	2 km	>	200 mm

Seite 81 5

6,50 m
+ 6,50 m
+ 3,30 m
+ 3,30 m
1
19,60 m (1x)

19,60 m · 3 = 58,80 m
10,00 m · 3 = 30,00 m
9,00 m · 3 = 27,00 m
0,60 m · 3 = 1,80 m

58,80 m
+ 0,90 m
1
59,70 m

Antwort: Noah muss noch 9,70 m Draht kaufen.

Seite 81 Extrarunde

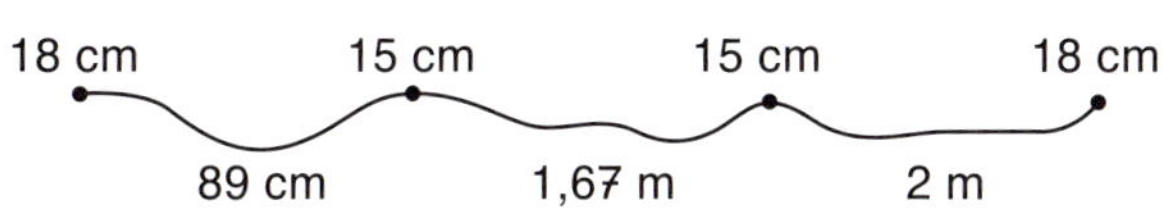

0,89 m
+ 1,67 m
+ 2,00 m
1 1
4,56 m (3 Seile)

18 cm
+ 18 cm
+ 15 cm
+ 15 cm ⟶ Knoten
2
66 cm

4,56 m
– 0,66 m
1
3,90 m

Antwort: Das Springseil ist nun 3,90 m lang.

Seite 82 1

Auto: 1 t, Packung Mehl: 1 kg, Eisbär: 700 kg, Banane: 100 g, Brief: 20 g, Elefant: 4 t, Mann: 80 kg, Löwe: 250 kg

Seite 83 2

	1 kg	100 g	10 g	1 g
7 kg 328 g	7	3	2	8
1 kg 20 g	1	0	2	0
753 g		7	5	3
3,734 kg	3	7	3	4
9 kg 800 g	9	8	0	0
5 kg 5 g	5	0	0	5
4,222 kg	4	2	2	2
6 kg	6	0	0	0
8,169 kg	8	1	6	9

753 g < 1 kg 20 g < 3,734 kg < 4,222 kg < 5 kg 5 g < 6 kg < 7 kg 328 g < 8,169 kg < 9 kg 800 g

Seite 83 3

8 kg 400 g = 8,400 kg
5 kg 521 g = 5,521 kg
9 kg 200 g = 9,200 kg
3 kg 44 g = 3,044 kg
772 g = 0,772 kg

4 kg 8 g = 4,008 kg
999 g = 0,999 kg
1 kg 10 g = 1,010 kg
2 kg 624 g = 2,624 kg
12 g = 0,012 kg

Seite 83 4

3 kg 500 g > 350 g
1 kg 456 g > 1,450 kg
0,025 g = 25 g

1,068 kg < 128 kg
650 g > 65 g
0,025 kg < 120 kg

22 g < 2 kg
450 g < 1 kg
0,352 kg < 500 g

Seite 84 5

7 t > 7,422 kg > 4 kg 270 g > 2, 742 kg > 2 kg 27 g > 2 kg > 700 g > 217 g > 72 g

Lösungen

Seite 84 6

1 kg	
726 g	274 g
500 g	500 g
30 g	970 g
991 g	9 g
409 g	591 g
0	1 000 g
75 g	925 g
999 g	1 g

1 t	
333 kg	667 kg
940 kg	60 kg
1 000 g	999 kg
500 kg	500 kg
901 kg	99 kg
999 kg	1 kg
200 kg	800 kg
995 kg	5 kg

Seite 85 1

Ü: 2 kg + 1 kg = 3 kg

2 kg 427 g + 964 g =

$$\begin{array}{r} 2{,}427\text{ kg} \\ +\,0{,}964\text{ kg} \\ \scriptsize 1\ \ 1 \\ \hline 3{,}391\text{ kg} \end{array}$$

Ü: 7 kg + 4 kg = 11 kg

7 kg 403 g + 4 kg 19 g =

$$\begin{array}{r} 7{,}403\text{ kg} \\ +\,4{,}019\text{ kg} \\ \scriptsize 1 \\ \hline 11{,}422\text{ kg} \end{array}$$

Ü: 1 000 kg – 100 kg = 900 kg

1 t – 57 kg =

$$\begin{array}{r} 1\,000\text{ kg} \\ -\ \ \ 57\text{ kg} \\ \scriptsize 111 \\ \hline 943\text{ kg} \end{array}$$

Ü: 8 kg – 2 kg = 6 kg

8 kg 428 g – 1 kg 925 g =

$$\begin{array}{r} 8{,}428\text{ kg} \\ -\,1{,}925\text{ kg} \\ \scriptsize 1 \\ \hline 6{,}503\text{ kg} \end{array}$$

Seite 86 2

1 Birne wiegt ungefähr 160 g, 1 Tomate wiegt ungefähr 80 g, 1 Erdbeere wiegt ungefähr 12 g, 1 Orange wiegt ungefähr 180 g.

Birnen:
960 g : 6 = 160 g
600 g : 6 = 100 g
360 g : 6 = 60 g

Tomate:
720 g : 9 = 80 g

Erdbeeren:
96 g : 8 = 12 g
80 g : 8 = 10 g
16 g : 8 = 2 g

Orange:
1 260 g : 7 = 180 g
700 g : 7 = 100 g
560 g : 7 = 80 g

Seite 86 3

Gewicht	12 g	120 g	240 g	480 g	960 g	972 g	984 g	996 g
Nüsse	1	10	20	40	80	81	82	83

Antwort: 1 kg sind ungefähr 83 Nüsse.

Seite 86 4

3 · 160 g = 480 g
3 · 100 g = 300 g
3 · 60 g = 180 g

5 · 80 g = 400 g

6 · 180 g = 1 080 g
6 · 100 g = 600 g
6 · 80 g = 480 g

$$\begin{array}{r} 1{,}080\text{ kg} \\ +\,0{,}480\text{ kg} \\ +\,0{,}400\text{ kg} \\ +\,0{,}440\text{ kg} \\ \scriptsize 1\ 2 \\ \hline \underline{2{,}400\text{ kg}} \end{array}$$

Antwort: Betti muss 2 kg 400 g tragen.

Seite 87 5

	Butter	Zucker	Eier	Mehl	Backpulver	Salz
16 Waffeln	300 g	160 g	4	360 g	2 TL	2 Prisen
4 Waffeln	75 g	40 g	1	90 g	$\frac{1}{2}$ TL	$\frac{1}{2}$ Prise

Seite 87 6

3 Gummibärchen = 6 g
1 Gummibärchen = 2 g

300 g : 2 g = 150

Antwort: In einer Tüte sind 150 Gummibärchen.

Seite 87 Extrarunde

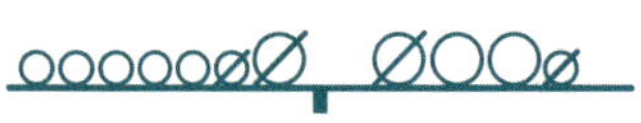

Auf jeder Seite wird gleich viel weggenommen.

5 · 50 g = 2 mittlere Bälle
250 g = 2 mittlere Bälle
125 g = 1 mittlerer Ball

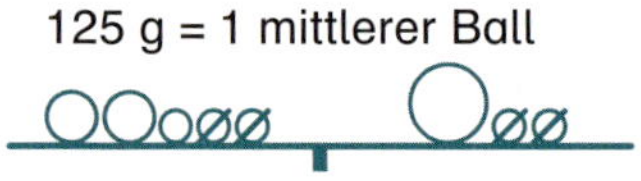

Auf jeder Seite wird gleich viel weggenommen.

125 g + 125 g + 50 g = 1 blauer Ball
300 g = 1 blauer Ball

Antwort: Der blaue Ball wiegt 300 g.

Seite 88 1

Flamm: 43 s, Frula: 51 s, Enno: 48 s, Betti: 39 s

39 s < 43 s < 48 s < 51 s < 57 s < 1 min < 1 min 4 s < 1 min 10 s

Seite 89 2

min ⇄ s	
5 min	300 s
6 min	360 s
14 min	840 s
12 min	720 s
7 min 55 s	475 s
10 min	600 s
16 min 40 s	1 000 s

h ⇄ min	
8 h	480 min
7 h	420 min
$\frac{1}{2}$ h	30 min
15 h	900 min
9 h 17 min	557 min
3 h 20 min	200 min
6 h 41 min	401 min

Seite 89 3

1 Jahr hat 12 Monate. 1 halbes Jahr hat 6 Monate. 2 Jahre 4 Monate sind 28 Monate. 60 Monate sind 5 Jahre. 14 Tage sind 2 Wochen. 56 Tage sind 8 Wochen. 10 Wochen 3 Tage sind 73 Tage.

Seite 89 4

100 s < 30 min < $\frac{3}{4}$ h < $\frac{1}{2}$ Tag < 28 h < 3 Wochen < 23 Monate < 2 Jahre

Seite 90 1

14.10 Uhr ⟶ 0 h 55 min ⟶ 15.05 Uhr

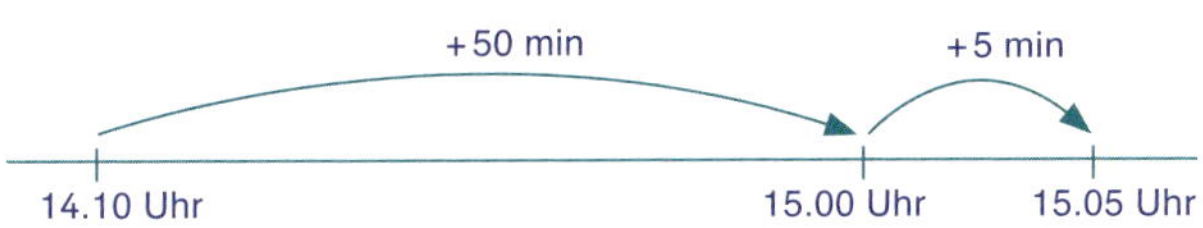

16.45 Uhr ⟶ 1 h 45 min ⟶ 18.30 Uhr

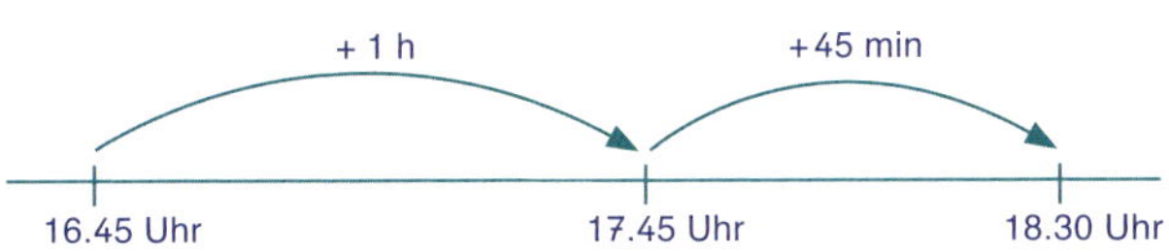

23.25 Uhr ⟶ 7 h 25 min ⟶ 6.50 Uhr

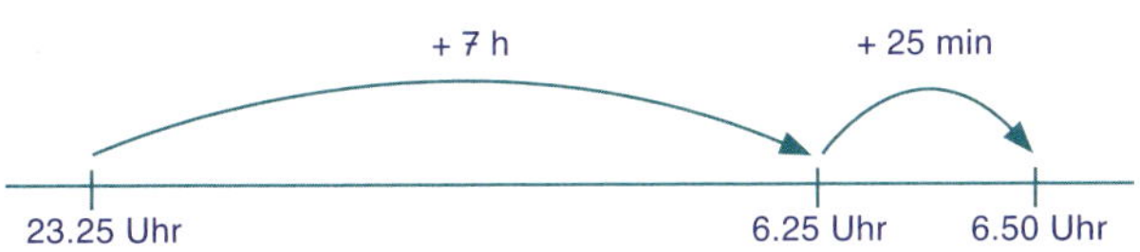

Seite 90 2

Sportart	Weitsprung	Kugelstoßen	Hochsprung	10-km-Lauf
Beginn	8.45 Uhr	9.10 Uhr	9.37 Uhr	13.41 Uhr
Dauer	2 h 35 min	1 h 45 min	3 h 38 min	49 min
Ende	11.20 Uhr	10.55 Uhr	13.15 Uhr	14.30 Uhr

Seite 91 3

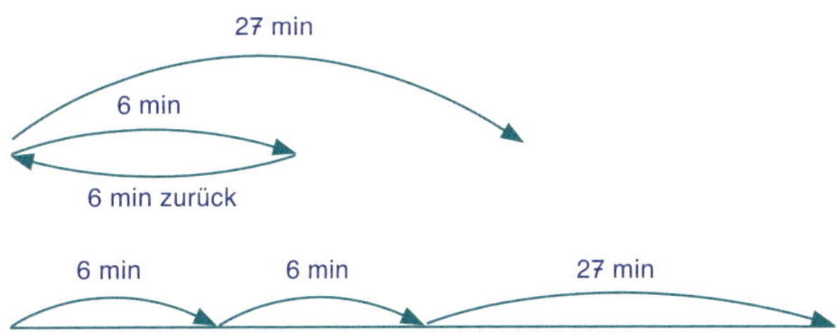

Antwort: Er braucht dieses Mal 39 Minuten.

Seite 91 4

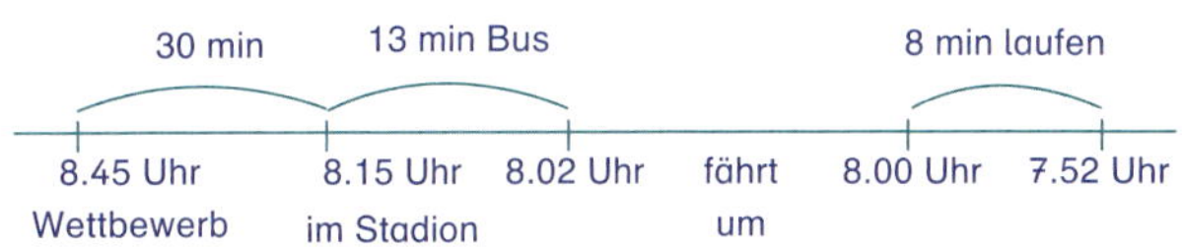

Antwort: Florian muss spätestens um 7.52 Uhr los.

Seite 91 Extrarunde

Antwort: Ernst ist nach seiner Uhr um 14.50 Uhr an der Rennstrecke. Da seine Uhr aber 15 Minuten vorgeht, ist es erst <u>14.35 Uhr</u>. Sepp wird also noch kommen.

Seite 92 Bist du fit?

Felix' Schulranzen ist 8 kg schwer. Das Lineal im Mäppchen ist 16 cm lang. Beim Sportfest warf Jule den Schlagball 24 m weit. Eine Büroklammer ist 25 mm lang. Die Banane wiegt etwa 70 g. Lisa bekommt 5 € Taschengeld in der Woche. Cems Schulweg ist 3 km lang. Er braucht dafür 45 min. Ein Lutscher kostet 25 ct. Der Klavierunterricht dauert immer 1 h.

Seite 93 Bist du fit?

900 ct = 9 €	5 cm = 50 mm	6 m = 600 cm	1 kg = 1 000 g
63 ct = 0,63 €	365 g = 0,365 kg	6,5 m = 650 cm	
726 ct = 7,26 €	720 g = 0,720 kg	400 cm = 4 m	

Lösungen

Daten und Sachsituationen

Seite 94 1

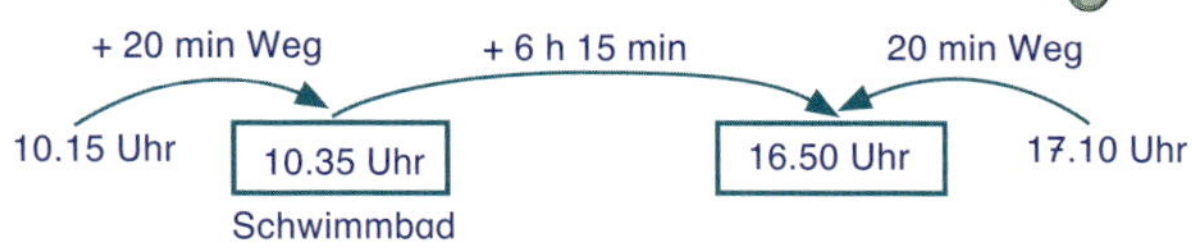

Antwort: Betti und Bill waren 6 h 15 min im Schwimmbad.

Seite 95 1

Klassensprecher wird Manuel. In die Klasse gehen 29 Kinder.

Seite 95 2

Anzahl Kinder	5	25	70	95	125	300	700	1 000
Mannschaften	1	5	14	19	25	60	140	200

Seite 96 1

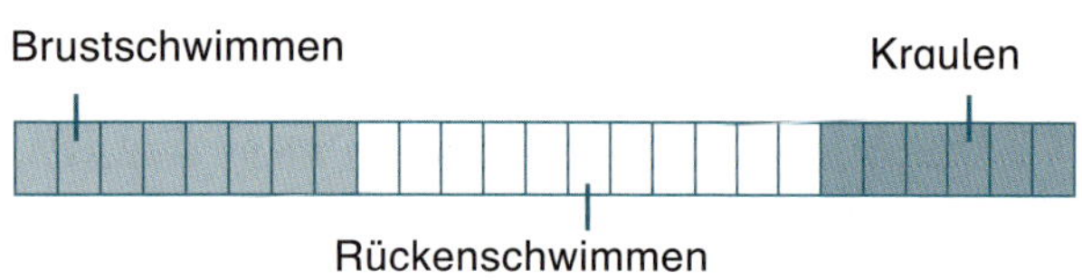

Der beliebteste Schwimmstil ist Rückenschwimmen.

Seite 97 2

Im Monat Juli scheint die Sonne am häufigsten.
Im Monat Januar scheint die Sonne am kürzesten.

Januar und Dezember, Februar und November, März und April und Oktober, Mai und Juni und September, Juli und August

Seite 97 Extrarunde

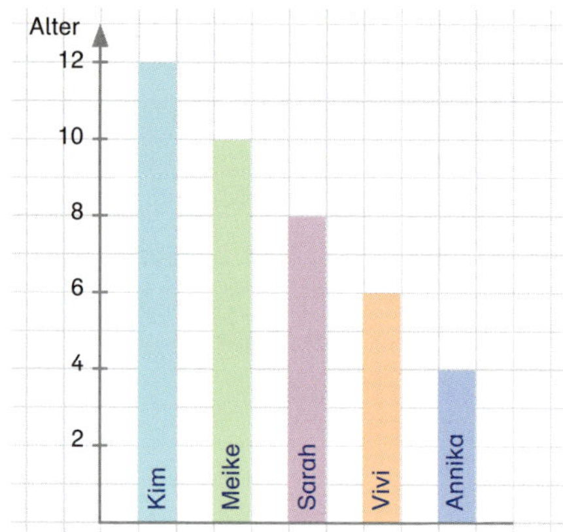

Seite 99 2

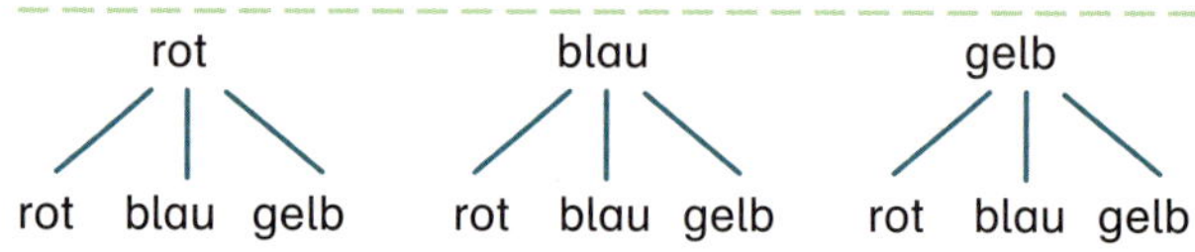

Es gibt neun Möglichkeiten.

Seite 99 3

Der Trick ist, immer auf eine bestimmte Anzahl Streichhölzer in einer Reihe zu ergänzen. Die „Gewinnerzahlen" sind 4, 8, 12 und 16 Streichhölzer. Je früher man auf die Zahl kommt, desto besser. Wenn beide Spieler den Trick kennen, verliert der Spieler, der anfängt.

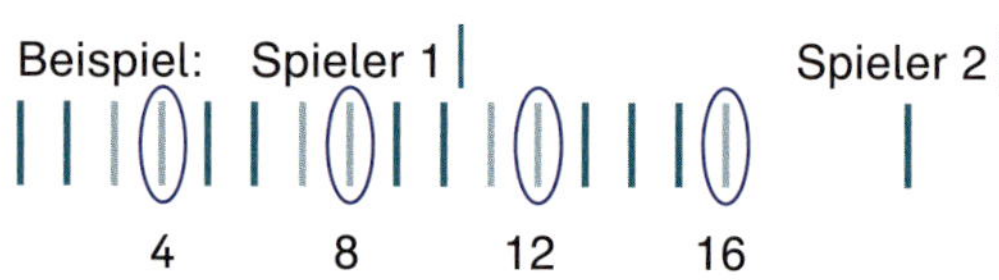

Spieler 2 kennt den Trick. Er erreicht von Anfang an die „Gewinnerzahlen".

Seite 99 Extrarunde

·	1	2	3	4	5	6
1	**1**	2	**3**	4	**5**	6
2	2	4	6	8	10	12
3	**3**	6	**9**	12	**15**	18
4	4	8	12	16	20	24
5	**5**	10	**15**	20	**25**	30
6	6	12	18	24	30	36

Lässt man doppelte Zahlen weg, sind es nur 6 ungerade, aber 15 gerade Ergebnisse.

Es ist wahrscheinlicher, zu gewinnen, wenn man sich für Regel 1 entscheidet.

Seite 100 Bist du fit?

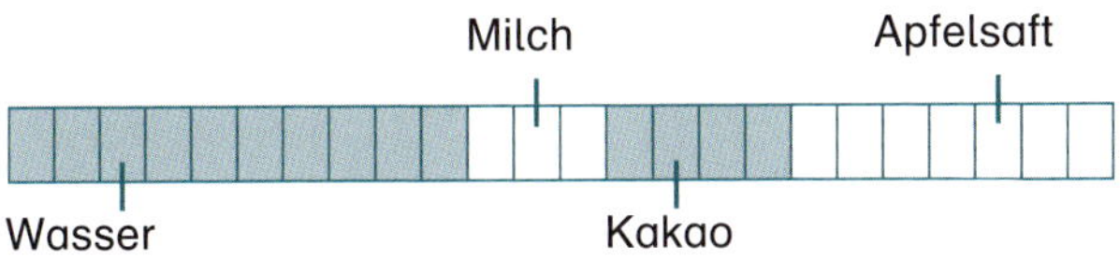

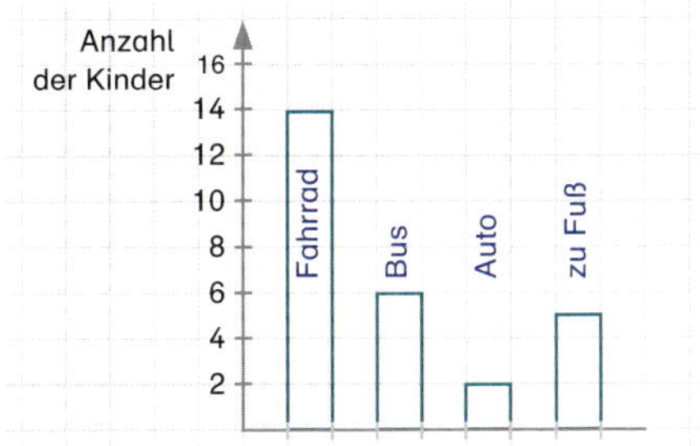

Seite 101 Bist du fit?

Streifendiagramm

Von 28 Schülern haben 6 zwei Geschwister.

Von 28 Schülern haben 12 entweder einen Bruder oder eine Schwester.

Säulendiagramm

Von 26 Schülern haben 12 am liebsten Mathematik.

Davon sind die Hälfte Mädchen.

Von 26 Schülern haben 6 am liebsten Deutsch.

Streifendiagramm

Von 28 Schülern haben 2 drei Geschwister.

Von 28 Schülern haben 10 einen Bruder.

Von 28 Schülern haben 10 keine Geschwister.

Die meisten Geschwister sind Mädchen.

Säulendiagramm

Von 26 Schülern haben 5 am liebsten Sport.

Von 26 Schülern haben 3 Kinder am liebsten Kunst.

Der Rest singt am liebsten.

Seite 102 1

721, 722, 723, 724, 725, 726
435, 436, 437, 438, 439, 440
976, 977, 978, 979, 980, 981
599, 600, 601, 602, 603, 604

Seite 102 2

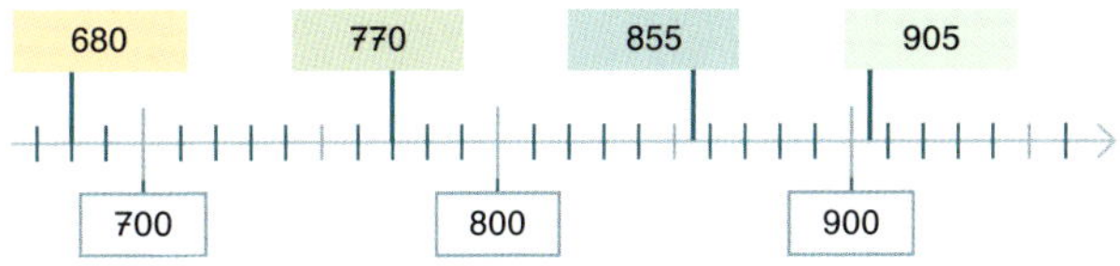

Seite 102 3

648, 684, 468, 486, 864, 846

468 < 486 < 648 < 684 < 846 < 864

Seite 103 4

374	169	925	691
+ 218	+ 184	− 778	− 135
1	1 1	1 1	1
592	353	147	156

Seite 103 5

62 · 3 = 216 ☐
48 · 4 = 192 ☒
72 · 8 = 576 ☒
37 · 5 = 385 ☐

Seite 103 6

780 : 10 = 640 − 562, 325 : 5 = 390 : 6, 6 · 80 = 48 · 10, 752 + 248 = 10 · 100

Seite 103 7

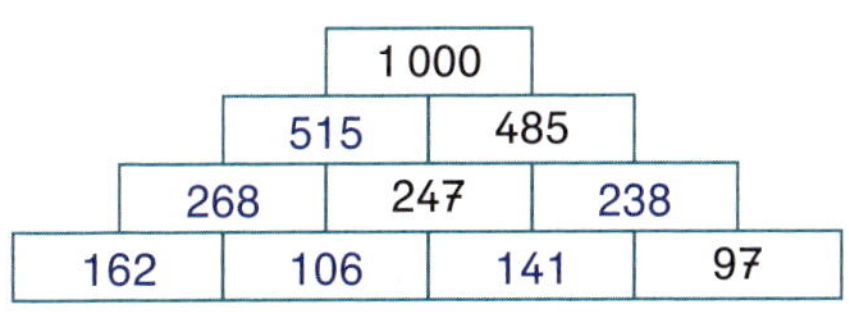

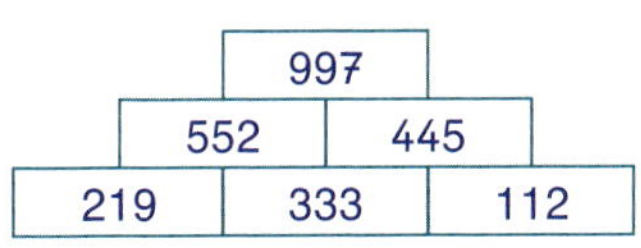

Seite 104 8

340, 310, 410, 380, 480, 450, 550, 520
Regel: – 30 + 100

960, 480, 240, 120, 60, 30, 15
Regel: : 2

Lösungen

Seite 104 9

15 · 0,55 € = 8,25 €
10 · 0,55 € = 5,50 €
5 · 0,55 € = 2,75 €

23 · 1,45 € = 33,35 €
23 · 1,00 € = 23,00 €
23 · 0,40 € = 9,20 €
23 · 0,05 € = 1,15 €

10 · 2,20 € = 22,00 €

8,25 €
33,35 €
+ 22,00 €
1 1
63,60 €

Antwort: Es kostet 63,60 €.

Seite 104 10

Saggo:
1 000 m | 100 m
4 min 20 s
= 260 s | = 26 s

Gump:
800 m | 100 m
3 min 44 s
= 224 s | = 28 s

Antwort: Saggo ist der schnellere Läufer.

Seite 105 11

15.45 Uhr $\xrightarrow{+20\text{ min}}$ 16.05 Uhr $\xrightarrow{+20\text{ min}}$ 16.25 Uhr

Antwort: Hannah ist um 16.25 Uhr wieder zu Hause.

Seite 105 12

5 Tage · 4 = 20 Tage, pro Tag 46 km

20 · 46 km = 920 km
20 · 40 km = 800 km
20 · 6 km = 120 km

Antwort: Er legt insgesamt 920 km zurück.

Seite 105 13

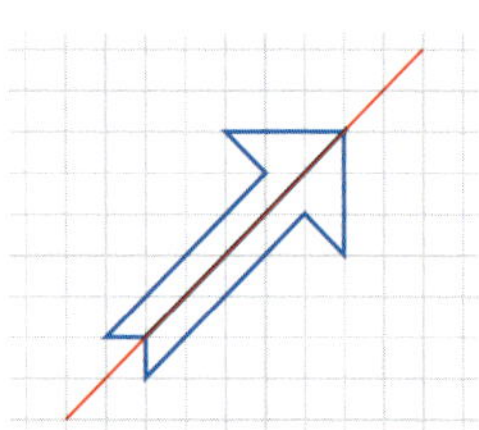

Seite 106 14

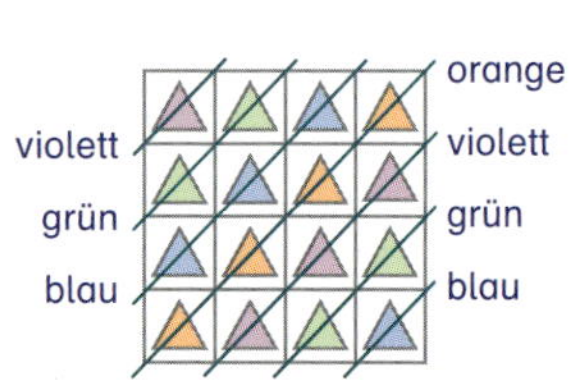

Seite 106 15

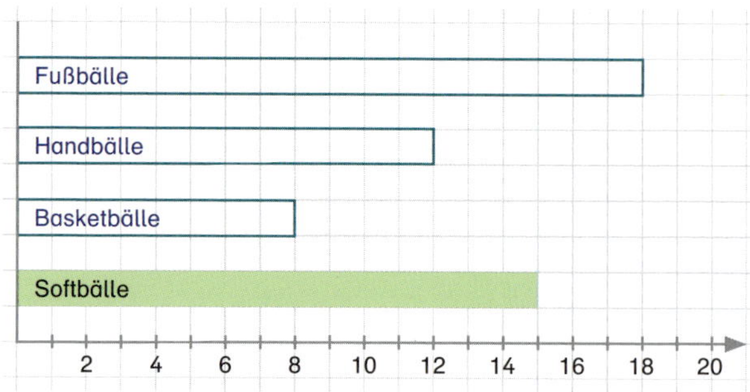

Bälle	Fußbälle	Handbälle	Basketbälle	Softbälle
Anzahl	18	12	8	15

Seite 106 16

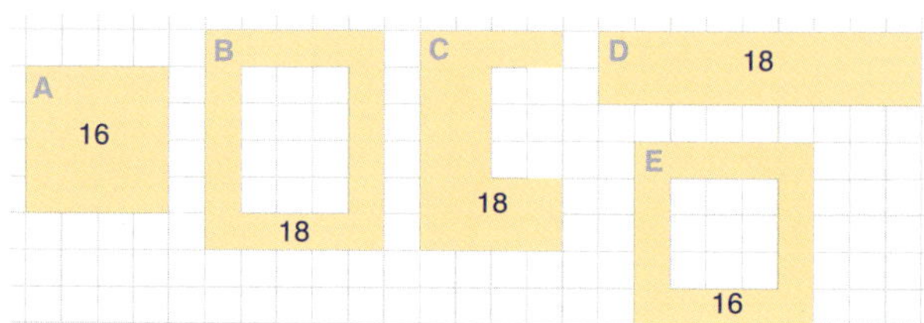

A + E sind gleich groß. B + D + C sind gleich groß.

Seite 107 17

Würfel 1 gehört zu Netz B.
Würfel 2 gehört zu Netz A.
Würfel 3 gehört zu Netz C.

Seite 107 18

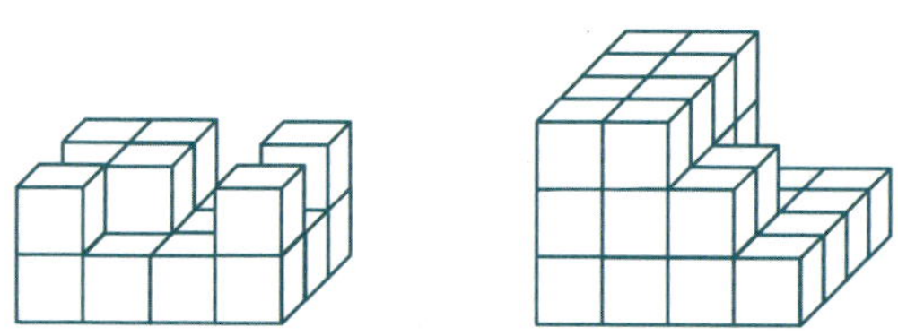

2	2	1	2
1	2	1	1
2	1	1	2

3	3	1	1
3	3	1	1
3	3	2	1
3	3	2	1